化妆师不能说的秘密

徐永刚 著

電子工業出版社
Publishing House of Electronics Industry
北京·BEIJING

内容简介

本书是依靠细密匠心和随机应变的素养锤炼而成的从业者宝典。无论是工具品类还是技法磨合，书中将基础知识主次分明地一一阐明。从审美开始讨论，到妆前分析、产品介绍、技法演示和作品赏析，内容里所体现的是对化妆事业的热情、对化妆待业者的期待，希望对想要了解化妆行业的人能有所帮助，谢谢大家的支持。

图书在版编目（CIP）数据

化妆师不能说的秘密 / 徐永刚著. -- 北京 : 电子工业出版社, 2016.8

ISBN 978-7-121-29618-5

Ⅰ. ①化… Ⅱ. ①徐… Ⅲ. ①化妆－基本知识 Ⅳ. ①TS974.1

中国版本图书馆CIP数据核字（2016）第182106号

责任编辑：姜　伟
文字编辑：赵英华
印　　刷：中国电影出版社印刷厂
装　　订：中国电影出版社印刷厂
出版发行：电子工业出版社
　　　　　北京市海淀区万寿路173信箱　　邮编：100036
开　　本：889×1194　1/16　印张：14.75　字数：330.4 千字
版　　次：2016年8月第1版
印　　次：2016年8月第1次印刷
定　　价：99.00 元

参与本书编写的人员有徐永刚、杨斯岚、谢松航、李鲁营、刘超、乔刚、王禹、窦旋、杨宇田、冯海航、周志、丁少凯、陈思嘉、陈薇。

凡所购买电子工业出版社图书有缺损问题，请向购买书店调换。若书店售缺，请与本社发行部联系，联系及邮购电话：（010）88254888。
质量投诉请发邮件至 zlts@phei.com.cn，盗版侵权举报请发邮件至dbqq@phei.com.cn。
服务热线：（010）88254161～88254167转1897。

自序

才华，得自祖辈遗传的叫天赋，后天努力而来的是历练。而我，属于前者。感谢我有一位精通琴棋书画的爷爷，一生里开过照相馆、修过手表，会做各种灯笼，还当过赤脚医生……小时候常听邻居说这老爷子不一般，而对那时候的我而言，爷爷就是我生命中第一个偶像，也正是因为他，我发誓，长大后要做一名有才华的画家。

童年时代，那一篇篇关于理想的作文，科学家、歌星、医生、警察、教师等是大部分同学们的终极目标，只有我矢志不渝地想当个画家。我不知道他们到底对自己的理想有多少了解，但对我而言，这就是我最想达成的人生目标。于是从初中开始暑假期间在外学画，到高中时代轻松考入美术班，突出的专业成绩也让我觉得昔日朦胧的梦想离我越来越近。

彼时，我的堂姐正在北京攻读服装设计专业，放假时总会从北京带来不少时尚杂志。记得当时看的第一本时装杂志是《ELLE 世界时装之苑》，那年我 16 岁。也正是这些杂志，让我的理想有了第一个小小的转折：改行，做一名时装设计师。

时光飞逝，我即将面临高考，受堂姐的影响，我的第一想法就是要考到北京去。回想起来，那之后的求学过程颇为心酸：为了节省家里给的生活费，只能租住在地下室。潮湿的环境使我得了很严重的湿疹，直到现在，遇到下雨或者湿气重的天气，以前落下的毛病仍旧困扰着我。但在当时我并未觉得有多辛苦，可能是初生牛犊不怕虎吧。对未来的憧憬和期待让年轻的我始终处于一种兴奋状态。

那一年，是悲喜交加的一年。作为艺考大军里的沧海一粟，我以优秀的成绩通过了清华美术学院服装系和上海戏剧学院服装系的专业考试，但是由于文化课成绩不理想，让我与心仪的院校失之交臂。

当时的我极度沮丧，不愿意再拿起画板，也不愿再理睬那些时尚杂志，我觉得自己就像一个笑话，不想回老家。对我来说，人生在那一段时间是黯淡无光的。

人生有时候很奇妙，奇妙在那段蹉跎岁月中，偶然间看到电视里播放的一支朱桦的音乐录影带让我眼前一亮，里面的化妆、发型和服装都令我为之一振，在这段录影带的末尾处，我看到“造型：李东田”这行字。

我马上去查阅了所有关于李东田的资料，才知道他是一名杰出的化妆师，也是当时国内首屈一指的明星御用造型师。我发现，原来化妆也可以那样迷人，无论是怎样的面容，在化妆师的手下，都有无数的可能！通过进一步的了解，我了解到化妆正如同画家在画布上作画，用笔刷在面容上创作，能够更直接地呈现出不亚于绘画带来的生动感。这个发现使颓丧的我瞬间热血沸腾，我马上决定去学习化妆造型。

2001 年 9 月，我走进了东田造型培训学院，开始了人生的第二次转折。

不再赘述随后的那些辛酸了，因为这是每个人的必经之路。我想说的是，这十多年来，从事化妆造型带给我的惊喜。

从光线传媒的造型总监，到钟丽缇、林志颖等明星的御用造型师，这些年来惊喜和奇迹一次一次降临在我身上。记得曾经妈妈问我以后想做什么的时候，我说想去那个叫《中国娱乐报道》（现光线传媒《娱乐现场》）的电视节目组上班，因为可以见到好多明星；上学时，同学们最爱唱的歌是《十七岁那年的雨季》，最爱讨论的电影是《人鱼传说》……这些在当时大红大紫的娱乐节目，人气如日中天的林志颖、钟丽缇，有一天能与之一起合作是我从来不敢想象的。现在回想起来，从我决定投身化妆事业的那一刻起，他们就注定与我结下了不解之缘。

人生真的很耐人寻味，在平平淡淡中给我们安排了很多惊喜，甚至可以说是奇迹。就在某一个瞬间，生活就可能有翻天覆地的变化。虽然奇迹和惊喜并不常有，但对我来说，就是上天给予的可遇而不可求的礼物，它们不在于分分秒秒的等待，而在于一点一滴的努力。

致谢

著书的过程是很奇妙的，因为有很多优秀而有趣的朋友参与进来，才让我有源源不断的创作灵感来完成这一切。

首先，要感谢支持我的母校，名人视线造型艺术学校和东田化妆学院，是它们伴随我走过了为人师表的心路历程。

其次，要感谢支持我的化妆品牌，资生堂、M.A.C、MAKE UP FOR EVER、彩棠、Glo&ray、轩谛、俏女皇、恩熙、非斯奈，谢谢它们的鼎力相助。

再次，要感谢我的化妆师、摄影师、发型师、模特朋友们的参与和支持。他们是李鲁营、黎怀南、文辉、陈曦然、果果、叶子、木木、晓柯、夏凡、贝蒂、吕燕、陈薇、杨斯岚、刘超、乔刚、王禹、窦旋、杨宇田、冯海航、周志、丁少凯、陈思嘉、谢松航等。

还有一些可爱和有才华的小伙伴会在下册出现哦。

最后，要感谢选择这本书的读者朋友们，谢谢你们让我能够有机会在这里说出十余年的从业秘密。你们的支持，也是后续别册出版的动力，多多感谢。

我将以诚挚的感谢和更多具有价值的内容回报各位，谢谢。

目录

Chapter 01 化妆入门概论

化妆，一个把创造美作为根本诉求的艺术门类。一个完美的妆面背后，铺垫着化妆师毕生积累的关于美的素养与认知。金牌化妆师的一身技艺，是经过不断学习和长期培养练就的。想要速成？对不起，没有这个选项。

化妆造型概述

化妆造型的意义

谈到意义，听起来是一个很模糊的词。和很多人一样，在我刚刚入行的时候，对于化妆造型的意义也没有特别清晰的概念。把人化美，能使人变得更加光彩夺目，就是我当时对化妆的理解。

当然，打造一个完美的妆面并不是肆意发挥的结果。能够适当地体现出人物的个性，从感官角度符合人物内在气质，并从外表上为其加分的化妆，是最受认可的。这种“因地制宜”的化妆要领，可以在最根本的意义上，让被化者在他或她所处的场合、时间以及地点中，达到展现良好形象的目的。这也是化妆师所追求的标准。

对美的理解

我们常常会想到一个问题，美是什么？

从心理角度来说，美是人对自己的需求被满足时所产生的愉悦反应，即对美感的反应。人的需求被满足是美的前提。美使人满足，产生愉悦的心理，把这种感受再现出来，就是艺术层面的美了。把它具体到声音、形体、气味、味道、质感等各个方面，刺激我们的感官，便使我们能够把美和丑区分开来，得到美的辨别能力。

然而，这种从个人角度出发的美，常常会让处在社会群体环境中的人在衡量美与丑的时候感到困惑。因为没有任何人能够彻底说服其他人去认可自己的美感，这种对美的判断，全凭我们根据自身阅历和喜好来抉择，因此，展现美的方式，也不尽相同。

从矛盾对立的角度讲，丑的存在，总是和美连在一起的，所以有时丑也是一种美。丑和美在比较时，丑就是美了。而在20世纪末时尚界风靡一时的病态美，就是最好的例证。我们在美与丑的转换之间，寻求当下感官能容易接受的看法，这就是我们判断美的过程。

不同的审美趋向

丹凤眼，小巧的鼻子，樱桃小嘴，白净的皮肤，瓜子脸，如果这些面部特征都能集于一身，在中国的传统审美中便算是最标致美女了，例如美女蒋勤勤。

在欧美地区，五官突出、大气端庄，拥有巧克力肤色的女生特别受欢迎。欧美人大多喜欢微胖丰满、唇型性感、轮廓较大的女生，例如朱莉亚·罗伯茨，就是大嘴美女，安吉丽娜也是外国人眼中性感的标杆，而大美女凯瑟琳·泽塔琼斯，就是微胖界美女的代表。

面对不同的审美取向，人们常有许多疑惑。比如与外国人结婚的中国女性，在国人眼里大多都不算漂亮；在国人眼中不算美女的吕燕，到了国际上却受到了外国人的青睐。所以，审美是有很多主观趋向的。自信、有内涵，由内而外散发出迷人气质的女性，定会受到众人的青睐。

曾有一项报道指出，华人圈具有知名度的颜值排行榜中，在 50 位美女俊男中脱颖而出博得头筹的，是形象健康、大气端庄的巩俐，她兼具东方委婉的气韵和西方大气的谈吐，从来没有人会对这个冠军得主有异议。

而“超级女声”冠军李宇春，一向喜好中性打扮，样貌平凡的她竟然可以超越周迅，并出人意料地将章子怡踢出三甲，排名第二，这也证明国人的审美眼光也在随着时代而改变。

在其他入围者中，第 4 至第 20 名的艺人依次是章子怡、贺军翔、汪涵、舒淇、黄晓明、孙俪、薛之谦、范冰冰、赵薇、杨丞琳、余文乐、邓超、金城武、梁洛施、张含韵、周杰伦、薛凯琪。

对于演员舒淇，媒体评论道：“无论外表还是气质，舒淇都美得可以让任何人闭嘴。”

至于其他红遍华人圈的明星，例如小 S、林志玲、古天乐、周润发、周慧敏、张柏芝、刘心悠、梁家辉、谢霆锋、吴彦祖、刘烨、周渝民、刘德华、韩雪、梁朝伟等只排在第 21 至 50 名之间。虽然一个榜单并不能说明一切，但对于大众审美的喜好，我们可以在类似的排名中看到很多不同审美趋向而造成的差异。

人物体态和面部分析

人体美的标准

头一身七是指在人整体的身材比例中，头部的高度是身高的 1/7，这是广为认可的完美身材比例。而身高平常头部较小的人，在视觉上也能达到这种完美比例的直观感受。所以才会出现如今对小头小脸的追求与热捧，目的就是在比例上可以接近头一身七，或者达到模特标准的九头身比例。

五官的标准比例

三庭五眼是中国传统审美对于面部结构的标准定义。我们在这里所讲的是传统意义上的五官审美，而现在对于五官美的定义，常常有很多分歧，这也是审美多样性的一种现象。

三庭，指的是把人脸横向分成三等份，从发际线到眉毛的底线为上庭，眉底到鼻尖为中庭，鼻尖到下巴为下庭。这三庭的长度是相等的。

五眼，指的是把人脸纵向分成五等份，两只眼睛中间的距离宽度等于一只眼睛的宽度。

除了两只眼睛分别占的两份外，从外眼角到发髻线的距离分别等于一只眼睛的宽度，这样加起来就得到相当于五只眼睛宽度的面部。

眉毛的位置

眉毛位置的衡量讲求三点一线，即眉头、内眼角、鼻翼这三点在一条直线上。也就是眉头的起始位置。

眉峰的位置应该在眉毛的 2/3 处，或者在眼睛平视正前方时，黑眼球外侧的垂直延长线上。

眉尾结束的位置应该在外眼角和鼻翼的延长线处最为合适。

嘴的位置

嘴的标准宽度是在两眼平视正前方时，两个黑眼球内侧的垂直延长线之间的宽度。

在厚度方面，中国女性上下唇的比例为 1:1.5。下唇的底线位置在鼻尖到下巴的 1/2 处。

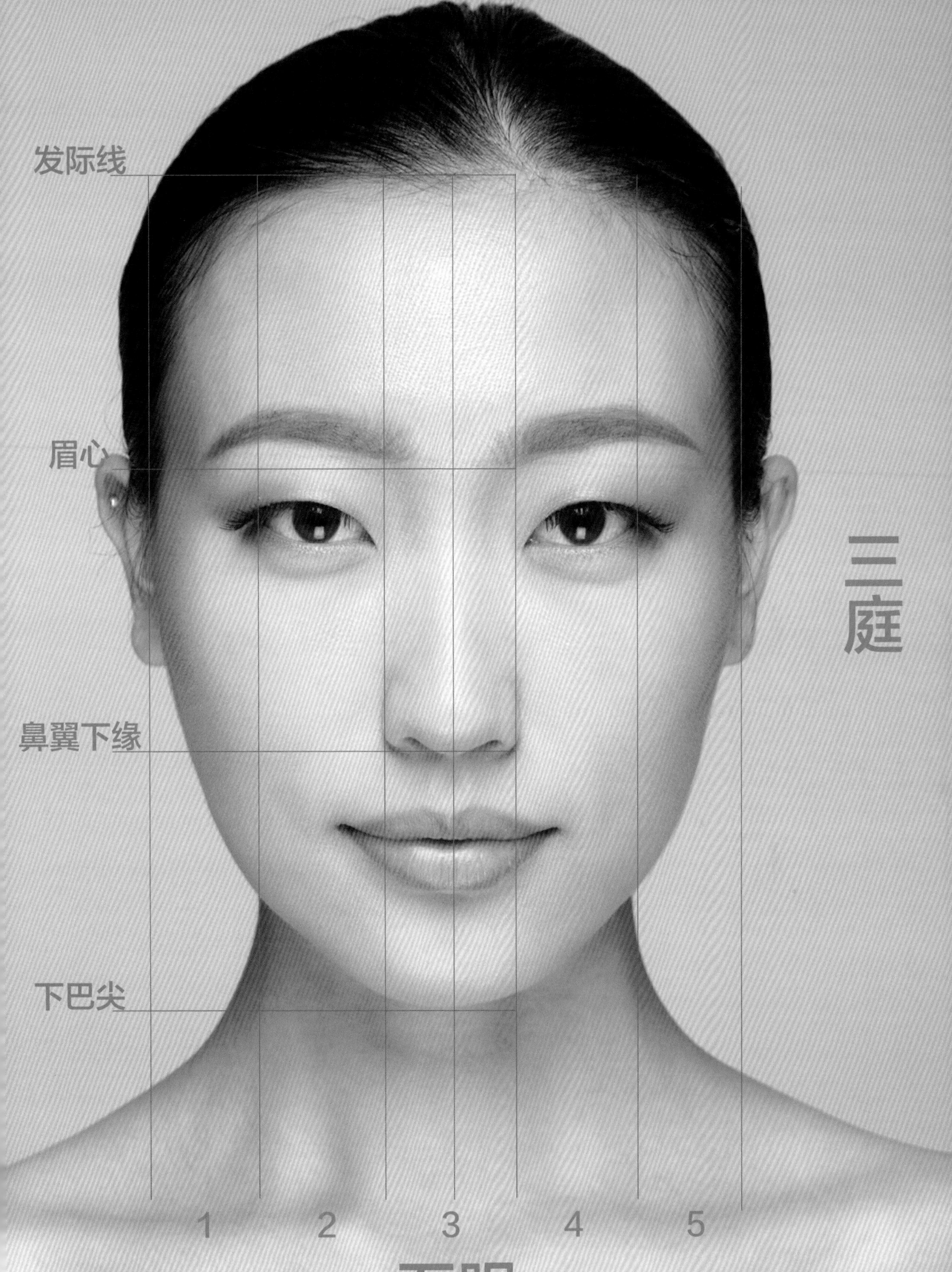
发际线
眉心
鼻翼下缘
下巴尖
三庭
1
2
3
4
5
五眼

Chapter 01

色彩和化妆的关系

色彩和光的联系

色彩被我们所感知的前提，是白色光通过折射分解成的红、橙、黄、绿、青、蓝、紫所构成的彩色成像。光线被物体反射后，通过视觉中枢传导到人脑，我们便能够掌握和区分各个色彩之间的关系。了解色彩和光之间的关系，对于我们的创作和技术执行来说非常重要。

物体在自然光的照射下一部分波长的光被物体吸收，反射出来的那种波长的光被称为该物体的颜色。当红色的光被反射时，物体呈现出红色；当绿色的光被反射时，呈现绿色。当所有的光都被吸收，就呈现出黑色，而完全被反射出来的就是白色。如果所有波长的光都被有比例吸收和反射时，物体便呈灰色。反色率大的为浅灰，吸收率大的为深灰。当光线完全穿透物体时，便是透明色。由此可见，色是被分解的光，人们也称色是被破坏了的光。

色彩的对比

●邻近色，又称类似色或近似色，搭配效果比较柔和自然，如红色与橙色、蓝色与紫色、蓝色与青色等。

●对比色，反差比较大、较强烈的颜色，视觉冲击力较强。如黄色和紫色、红色和绿色、蓝色和橙色。

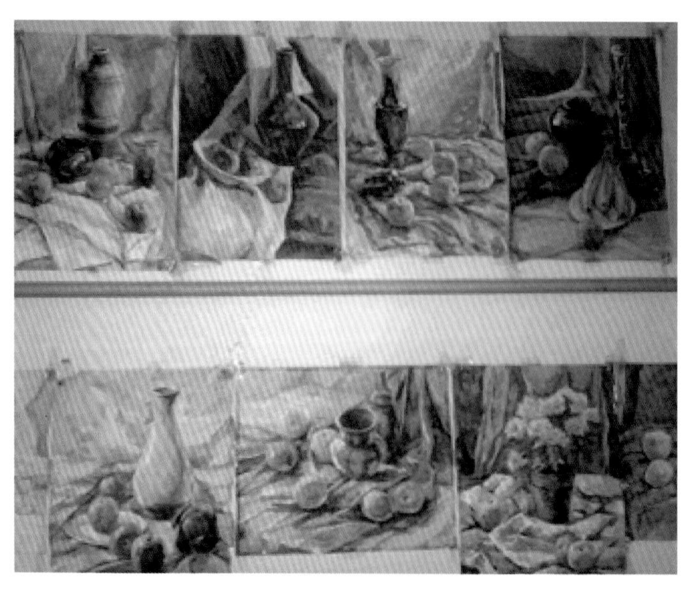

色彩的感情色彩

各种颜色都会带有各自的感情趋向，因此我们在运用色彩的过程中，也会按照这一特性进行色彩的组合与搭配，为不同颜色贴上各自的标签。

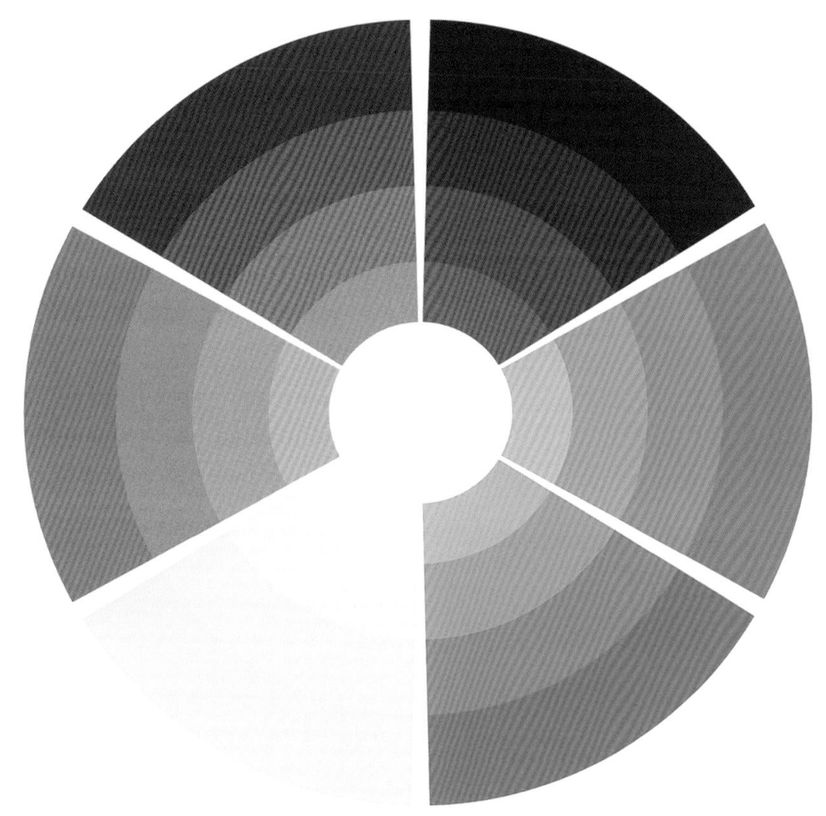

Tip：色彩的感情色彩

- 红色：热情、充满生命感、刺激、温暖。
- 黄色：辉煌、明亮、纯净、欢乐。
- 蓝色：凉爽、沉静、理智。
- 绿色：生机勃发、年轻、新鲜。
- 橙色：成熟、幸福、明亮有活力。
- 紫色：高贵、神秘、典雅、迷惑。
- 白色：纯洁、神圣、纯洁、脱俗。
- 灰色：失望、空虚、消极。
- 黑色：厚重、悲哀、死亡、恐怖。

色彩表现的空间距离

色彩由于空间和距离的不同会产生变化，例如近的暖，远的冷；近的纯，远的灰，在视觉感官上给色彩接受者造成一定的影响。

就颜色来说，近的鲜明，远的模糊；近的对比强烈，远的对比模糊，例如嘴唇凸出者的修饰技法中便运用到了这种关系，不用唇线笔勾画清晰的轮廓线，与之相反选用纯度低的口红将唇边缘处理得略模糊一些。选用纯度比较低的色彩，会使其产生后退和收缩的感觉，这就是色彩在化妆中的运用。

色彩的心理感受

冷暖感：虽然色彩是没有温度的，但是人的视觉感受会对色彩产生冷或暖的心理反应。

●暖色，例如红色、黄色，会给人温和、热烈的感觉，使人情绪振奋、愉悦，会联想到太阳、火焰、血液等。

●冷色，例如蓝色、绿色，给人宁静、安详、凉爽的感觉，使人情绪低沉、伤感，会联想到天空、大海、冰封。

前进与后退感：明亮色与暖色称为前进色，暗色与冷色称后退色，在前进、后退的对比中，可以用来调整面部不同结构之间的关系。

Chapter 02

妆前要点分析

对妆前工作的重视，对化妆来说是最靠谱、最贴心的一道保险。没有良好的肌肤环境就没有干净漂亮的妆面效果。等妆面完成后，你会庆幸并感恩你所做的每一步妆前护理。

妆前要点分析

认识常见的脸型

甲、由、田、圆、目、国、倒三角等与文字形状相像的脸型是国人最常见的几种脸型。在整体轮廓相似的前提下，额头和下巴的宽窄影响着面部样貌的比例。

甲字脸

甲字脸，我们常提到的最佳脸型，也叫鹅蛋脸，额头略宽于下颌，呈甲字形状。修长柔和，上镜感极佳。张柏芝、章子怡都是典型甲字脸的代表。

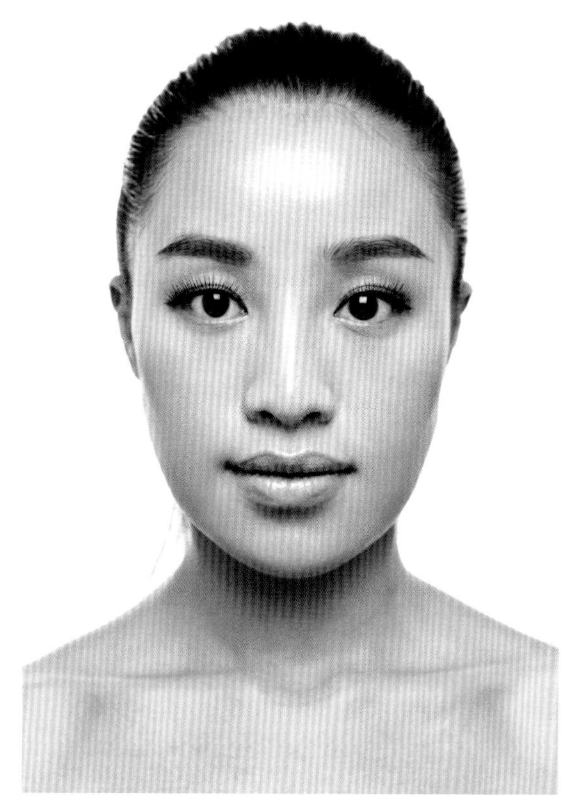

由字脸

由字脸，下颌骨宽于额头，呈梨形。这种脸型多见于肥胖人群中，常显得富态、稳重、威严。代表人物是斯琴高娃。

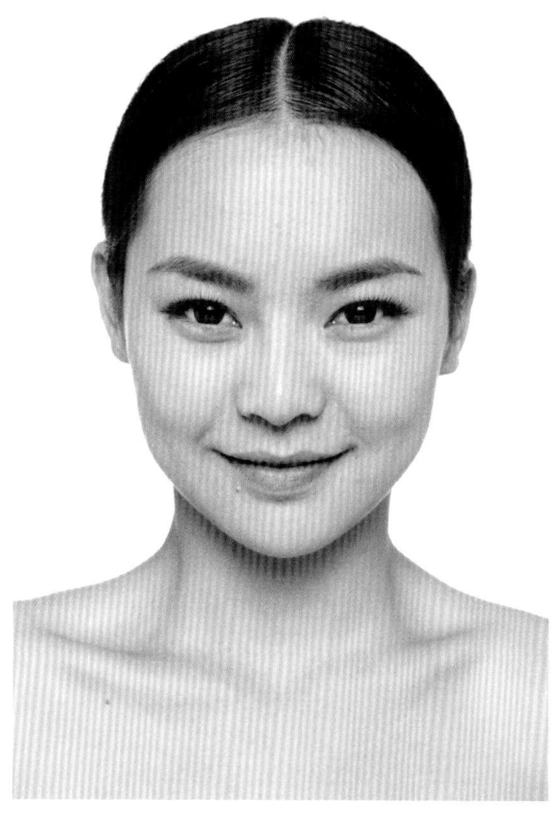

圆形脸

圆形脸，正面看脸近似一个圆形，颧骨结构不够明显，略显扁平。但会显得活泼可爱，有减龄效果。代表人物林依晨。

妆前要点分析

方形脸

方形脸，面部的宽度和长度相近，两腮突出，线条硬朗。使人显得坚毅、刚强、堂堂正正。代表人物李宇春。

申字脸

申字脸，较为清秀的脸型，颧骨突出，下巴略尖。前额发髻线比较窄，立体感强烈，理智、冷漠、清高、神经质、显严厉是这种脸型的标签。

目字脸

目字脸，也就是长形脸，额头与腮部轮廓比较方正，是国字脸的修长版本，相较之下显得更为平易近人。

倒三角脸

倒三角脸，额头较宽，下巴比较尖，呈明显的倒三角形，显得俏皮可爱，古灵精怪。代表人物范冰冰。

基底 Base

美丽妆容始于完美肌肤，要想达到上乘的皮肤质感，妆前护肤是获得无瑕美肌的必经之路。繁复的护肤步骤，目的却简单明了，在呵护肌肤的同时为叠加的彩妆打下良好基础。针对不同肤质，妆前可以适当添加或省略一些步骤，遵循充分补水、避免养分过盛的原则，改善调整肌肤。

护肤产品

完美底妆的先决条件。后续的护肤步骤与彩妆都只能在做好清洁的基础上发挥功效，更是冻龄美颜的无敌法宝，想要躲避岁月的侵蚀，坚持良好的清洁习惯是至关重要的。

卸妆油 Cleansing Oil

→ 质地较厚的卸妆清洁产品，可用于清除浓重的妆面。在充分融合并按摩脸部彩妆之后，不断少许蘸水按摩，直至面部彩妆乳化，然后用清水彻底冲洗。是资深的卸妆明星产品。

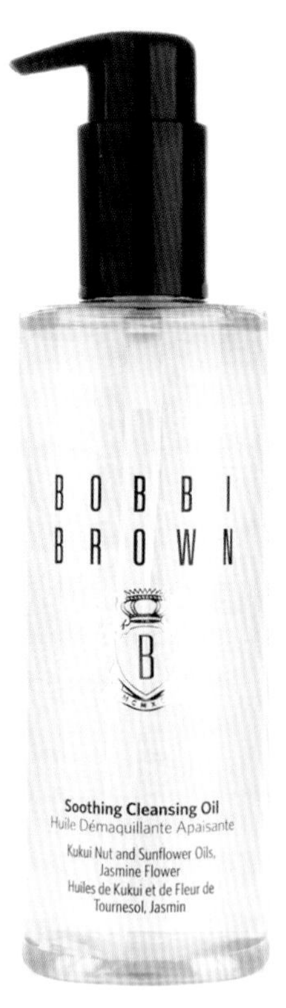

卸妆水 Cleansing Water

← 轻盈方便的卸妆新秀。可轻松卸掉日常妆容，用化妆棉片吸取适量卸妆水，略带力道反复擦除面部彩妆。重点部位例如鼻翼和唇角可反复清洁。在上妆前也可用卸妆水擦拭面部去除多余角质，使妆容更服帖。

卸妆啫喱 Cleansing Gel

→ 进阶级的彩妆乳化产品。在啫喱与彩妆接触的时间按摩乳化，减少摩擦给肌肤带来的拉扯损伤。质地较厚，可以清洁较厚妆容，充分乳化后需用清水冲洗。

洗面奶 Cleansing Milk

← 状态质地多种多样，是卸妆清洁的收尾工序。通常需要在湿润后的面部充分按摩后才能用水清洗。因为要每日使用所以按照不同肤质细分产品。清洗时如若残留会滋生粉刺，在发髻线和鬓角处要着重冲洗。

妆前要点分析

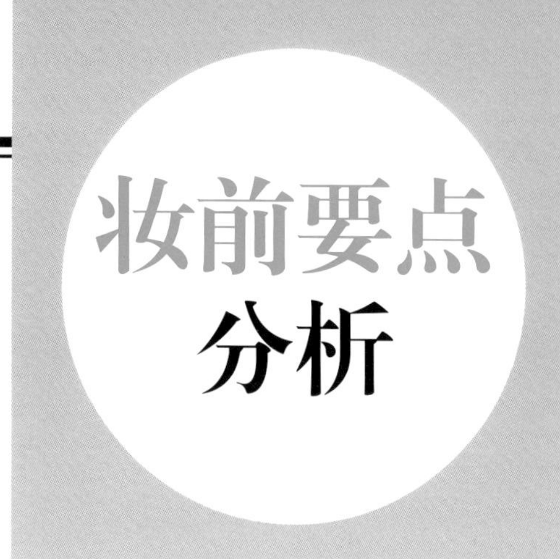

化妆水 Astringent

妆前喷雾、化妆水（干性、中性、混合性）：质地相同的补水产品按照使用方式区分开来。喷头使具有保湿作用的溶液均匀附着在面部，轻盈贴合。普通形态的化妆水依托化妆棉的搭载，去除表皮灰尘的同时湿润肌肤。

干性化妆水含有类似轻度乙醇的提取物，比起滋养更能抑制表皮杂质堆积，平衡水油结构。

中性化妆水偏向滋润功效，不含刺激成分，主要起到保湿补水的作用。

混合性化妆水中和清爽与滋润的特质，温和保湿，不伤害肌肤本身的表面防护层。

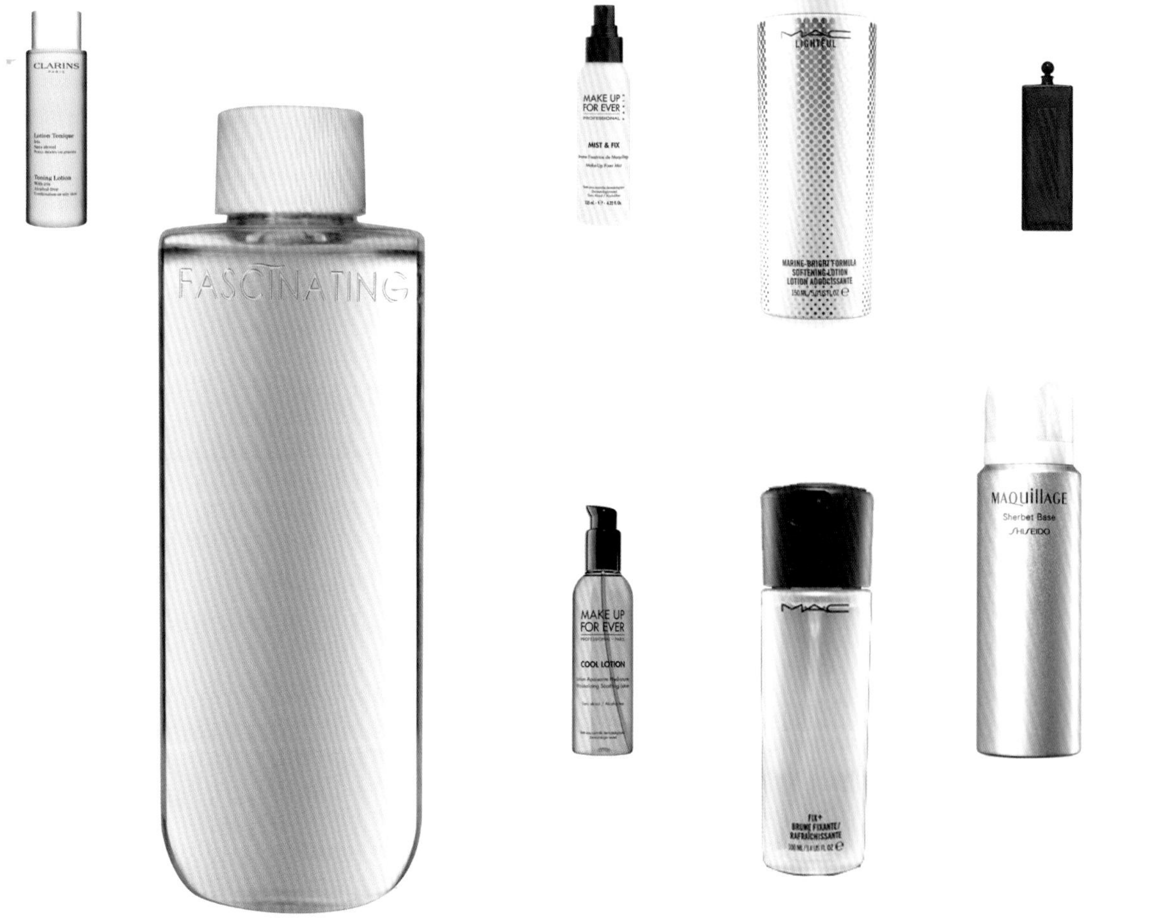

乳液 Lotion

有效滋润水分蒸发后的干燥肌肤，维持水油平衡，莹润肤质。质地浓稠饱满，因此具有持久的保湿效果。可使用温热的双手或化妆棉提拉匀面。

妆前要点分析

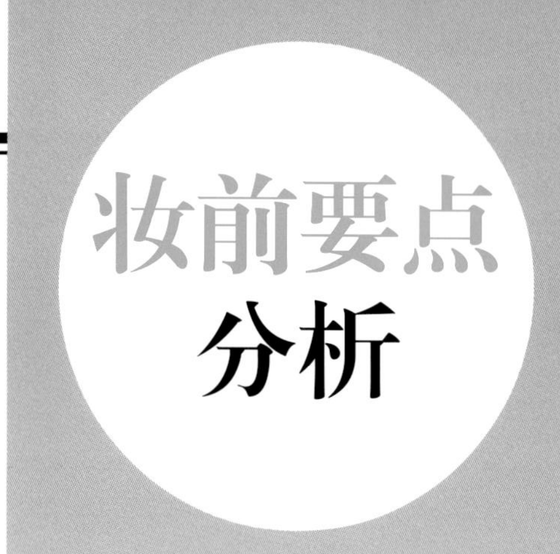

面霜 Cream

滋润度最高最持久的护肤产品，可以锁住被皮肤吸收的养分和水分不至流失，在面膜和保湿步骤之后涂擦面霜可以达到护肤的最佳效果。由于质地偏厚，所以要适量涂抹。

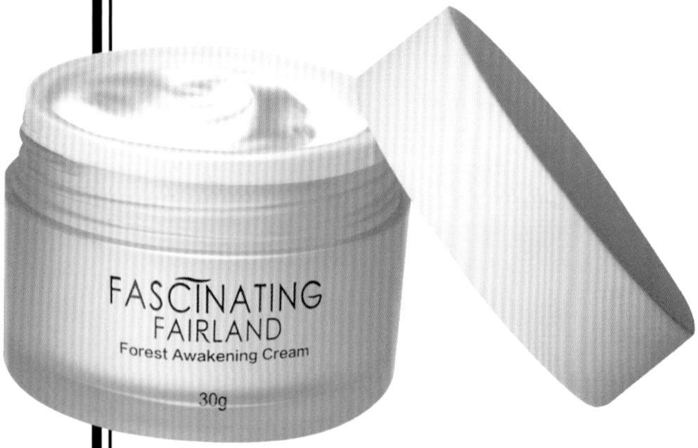

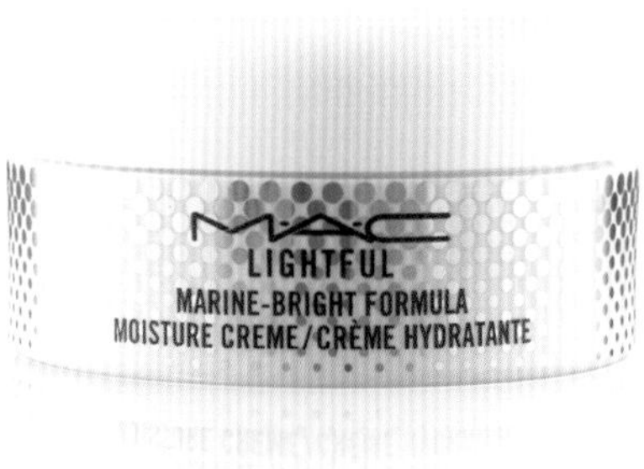

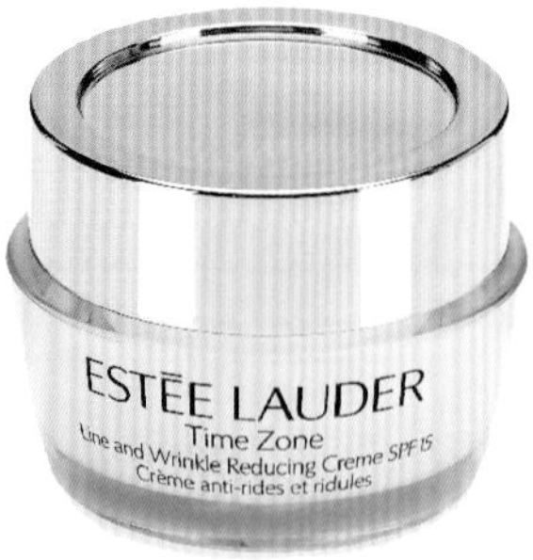

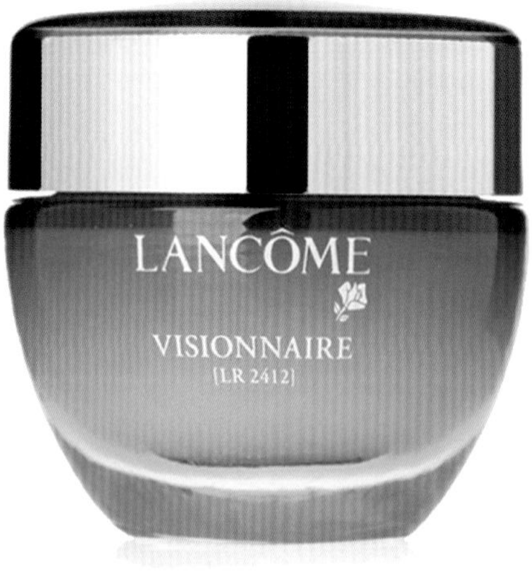

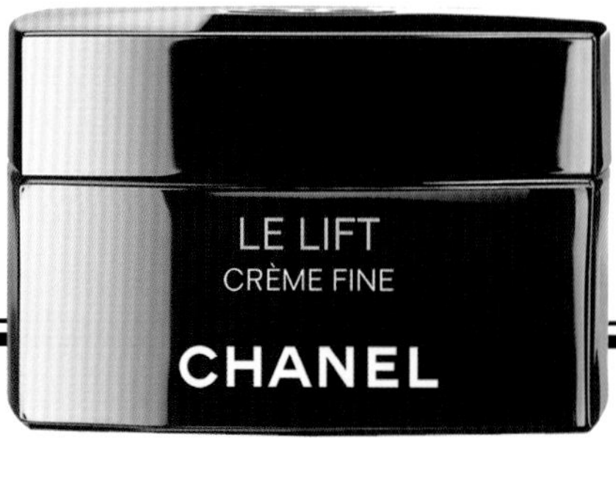

面膜 Facial Mask

集中补充水分和改善肤质的产品。干燥气候和疲劳倦容的救星，妆前使用可以大幅改善面部问题。后续要用湿润的化妆棉擦掉表面多余的成分，防止堆积过多阻碍底妆延展。

俏女皇百合双效补水面膜

← 蕴含百合花瓣中丰富的维生素，补充肌肤所需的水分，亮肤活性成分还可以提高肌肤抵抗外界伤害和锁水的能力，调整暗黄不均肤色。

俏女皇玻尿酸晚安冻膜

← 补水、保湿、紧致、增强皮肤弹性于一体的深层修护面膜。搭配按摩沿肌肤纹理适量涂抹，次日清晨清洗即可。

俏女皇雪莲亮肤肌底蚕丝面膜

← 内含丰富的蛋白质和氨基酸，能紧致平抚肌肤，雪莲中独有的成分能改善肌肤粗糙暗沉，焕发自然光彩。

恩熙水精灵冰肌生物磁面膜

← 萃取珍珠精华、活酵母精华等养分，为肌肤注入氧离子，有效缓解肌肤疲劳，令肌肤畅享水嫩幼滑。

妆前要点分析

妆前乳 Primer

连接护肤与彩妆的桥梁。在维持护肤步骤之后肌肤状态的同时，为彩妆产品营造良好的着色温床。从改善容色质感和均匀表面颗粒开始发挥作用。护肤最终曲，彩妆第一步。

妆前要点分析

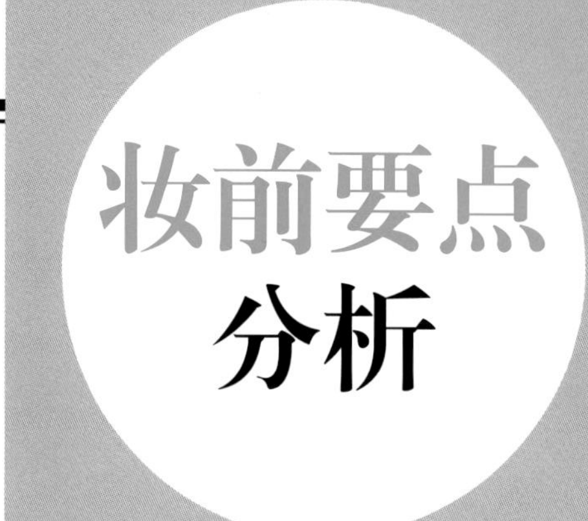

隔离霜 Sun Block

弥补护肤品所不具有的防护作用，阻隔彩妆与皮肤的恶性流通，形成基底保护屏障，具有多重功效。

●有色隔离：分隔彩妆的前提下调整肤色，采用对应色系的中和方案，焕肤透亮，铺垫质地匀亮的底妆观感。

●无色隔离：单纯分离上下两层产品的介质，打造自然妆感，专为肤质上乘的人群锦上添花。

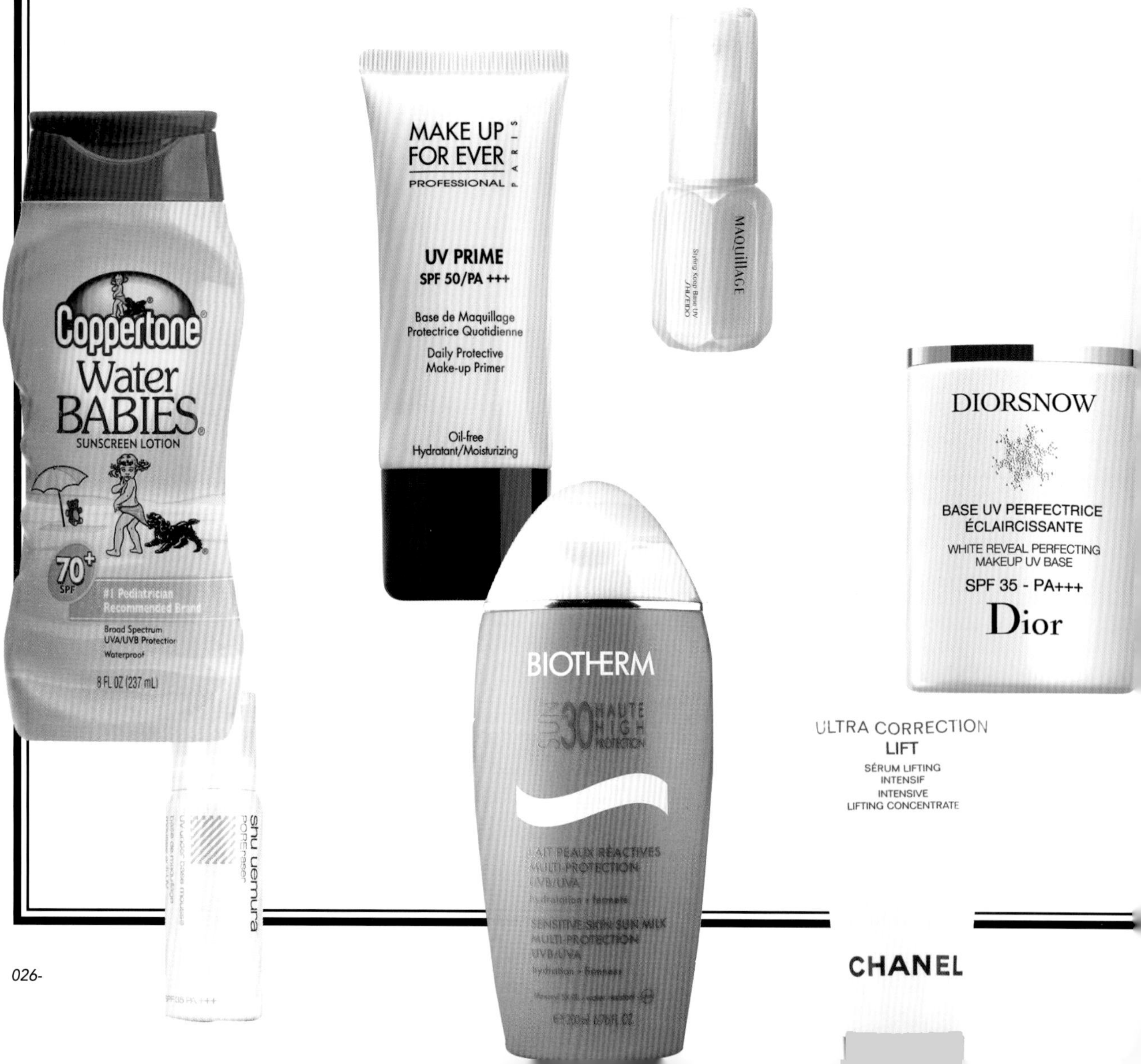

TONY STUDIO
M&H
东田造型
好练习本必须要用起来，课后认真练习...
+1
400%
东田造型小刚老师携手清华大学时尚教育学院，打造美丽课
东田造型小刚老师携手清华时

Chapter 03 彩妆产品介绍

那些工欲善其事必先利其器的话想必没人爱听了，不过拥有一套好用又拿得出手，能为你的技术添彩的化妆品是买多少都不会嫌多的。这并不是化妆师浪费、爱买的小毛病，而是精益求精的工作使命。

粉底 Foundation

遮盖脸部的瑕疵，均匀调整肤色，利用深浅明暗的产品搭配调整脸型。通常要根据脖子的颜色来选择适合自己的底妆产品。依照主题的要求、人物的变化来选择液体、霜状膏状等不同状态的底妆产品。作为所有彩妆品的基底步骤，底妆所体现的皮肤质感是后续任何产品都无法弥补的，所以好的底妆产品对妆面来说尤为重要。

彩妆产品介绍

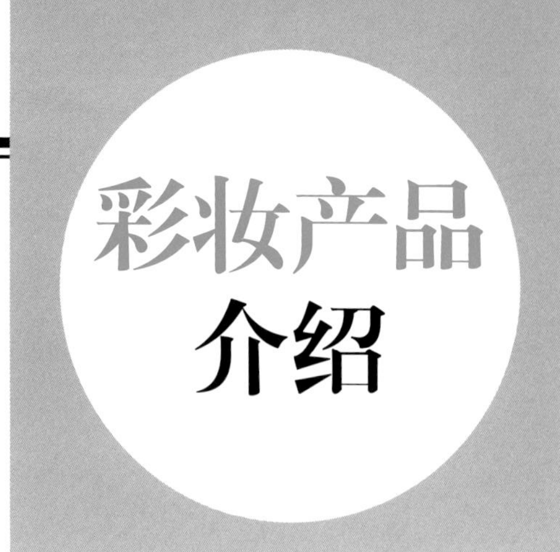

粉底液 Liquid Foundation

含水量高，滋润性强，用量少。通常形态为稀薄液体，质地轻盈，自然通透，遮盖力比较弱，适合肤质很好的人群。上妆工具以纤维刷为主。

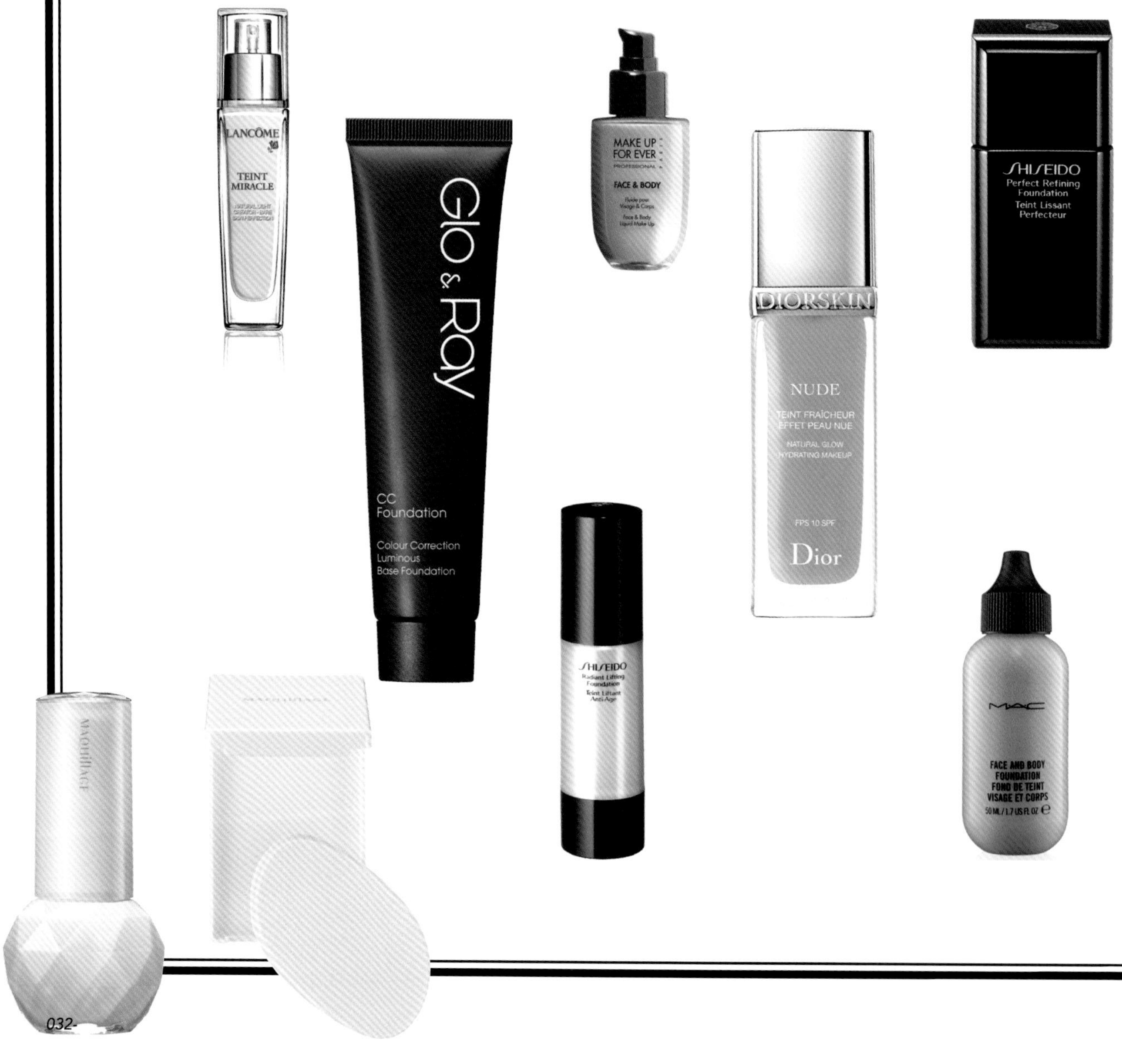

粉底霜 Foundation Cream

含水量适中，滋润性较好，用量适中，质地丰润，带妆持久，有较好的遮盖效果，适合皮肤较好的人群。多伴以浓密刷毛的底妆刷。

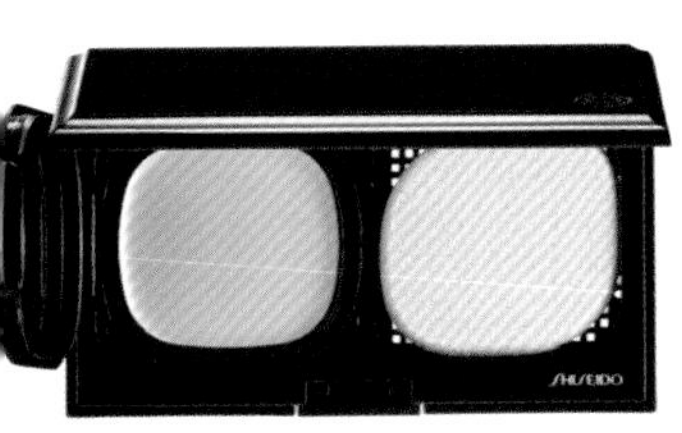

彩妆产品介绍

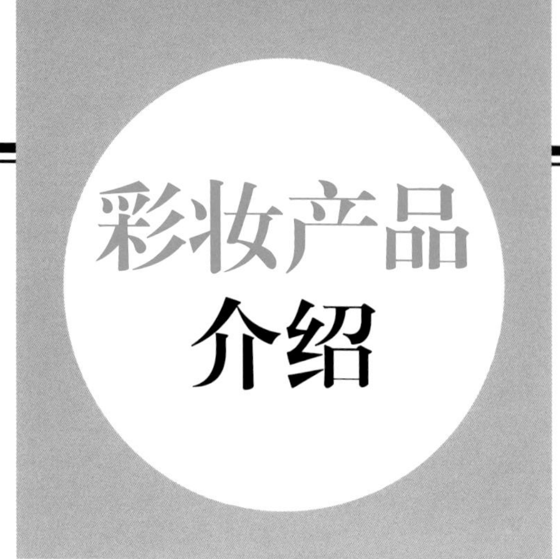

BB&DD Cream

● BB 霜：人气居高不下的万用型底妆新秀，独特之处在于集滋养、防晒、润色、提亮、遮瑕等功效于一体。通常质地比粉底液更轻薄易上妆，不受限于上妆工具的类型。

● DD 霜：综合保养类底妆的升级版，含有高倍的护肤成分，附着力强大到可以和肌肤很好地融为一体，适合普通遮瑕润肤。

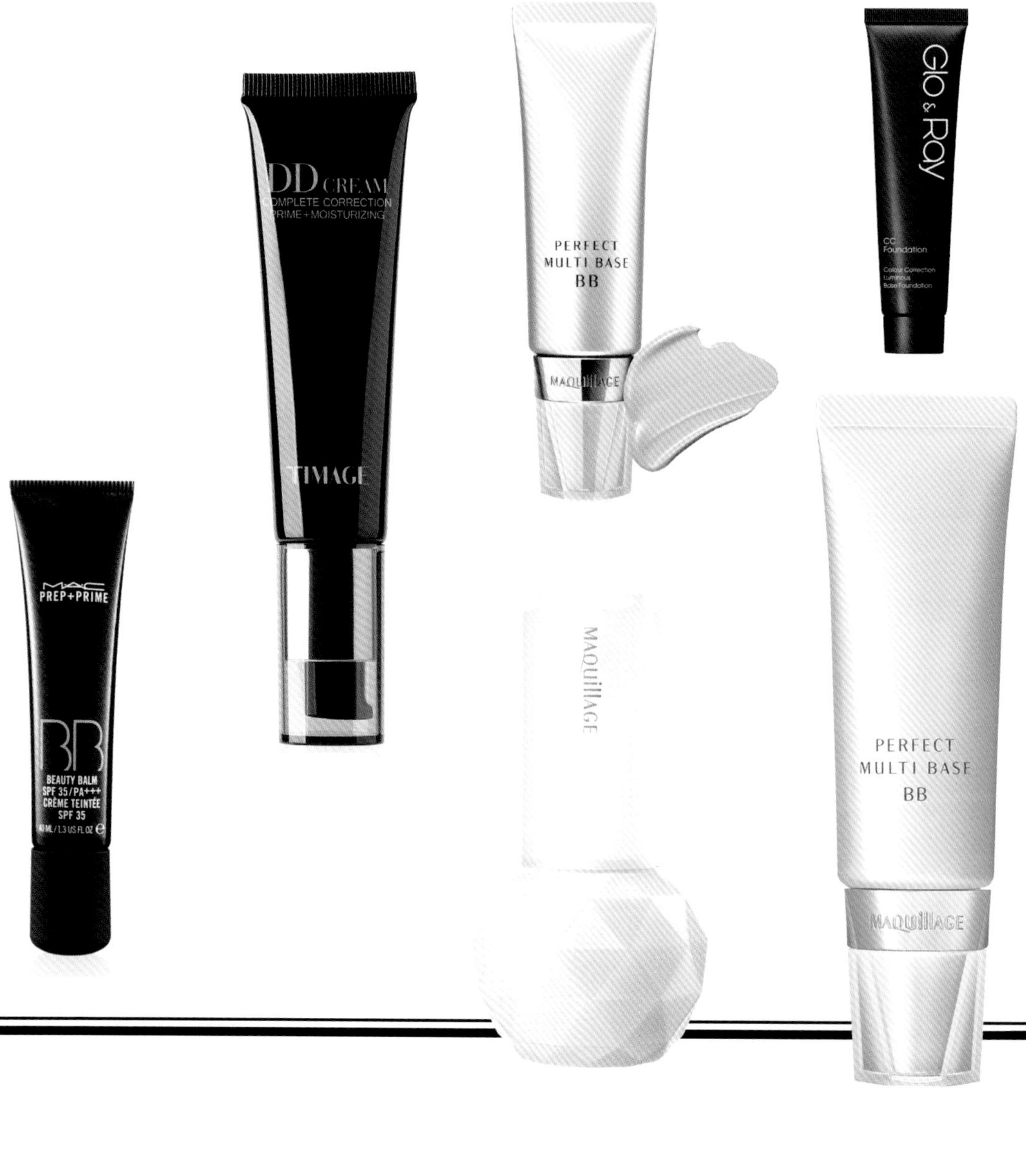

气垫 BB 霜 Air Cushion BB Cream

底妆新秀中的黑马，结合特有的上妆工具气垫粉扑和海绵容纳的粉底液，简单多用，上妆轻薄自然，相较普通 BB 霜有更好的贴合效果。

彩妆产品介绍

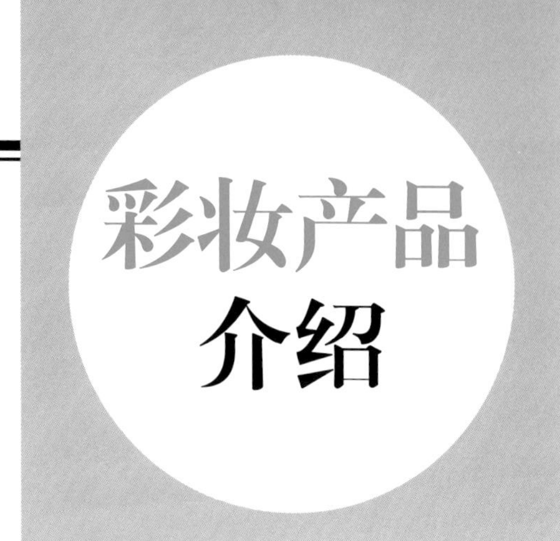

粉底膏 Foundation Cream

质地较干，水分少，用量较多，遮盖的面积大，质地厚重，遮盖力很强，适合瑕疵明显的人群以及舞台化妆使用。使用专用的遮瑕刷具或海绵上妆。

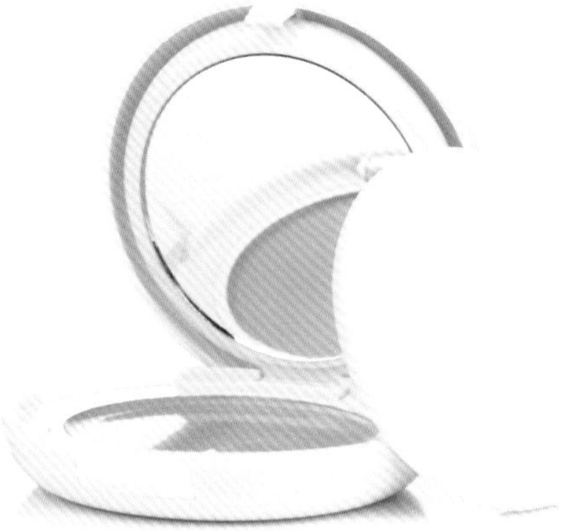

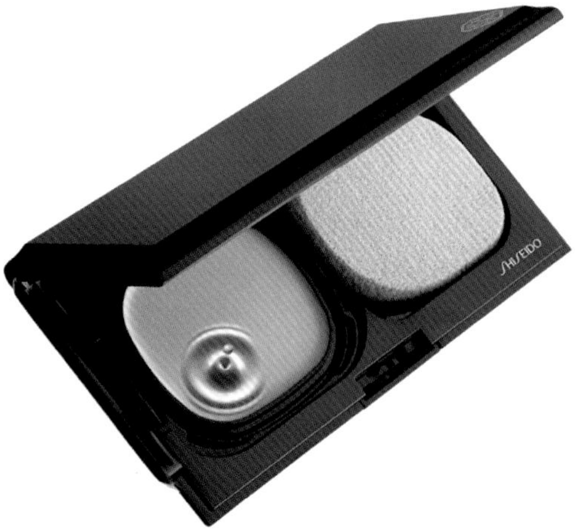

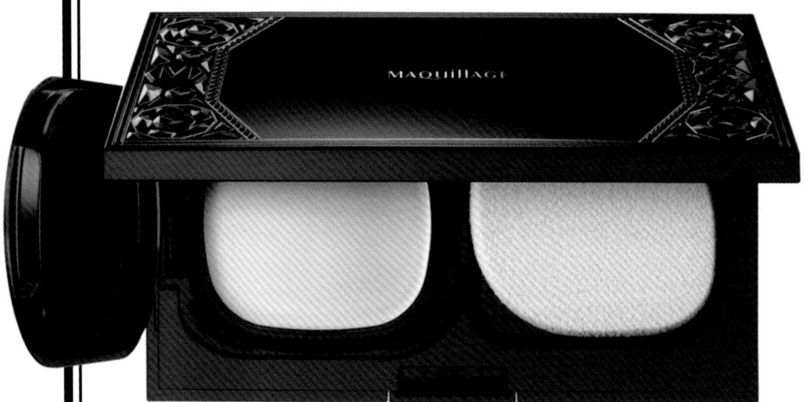

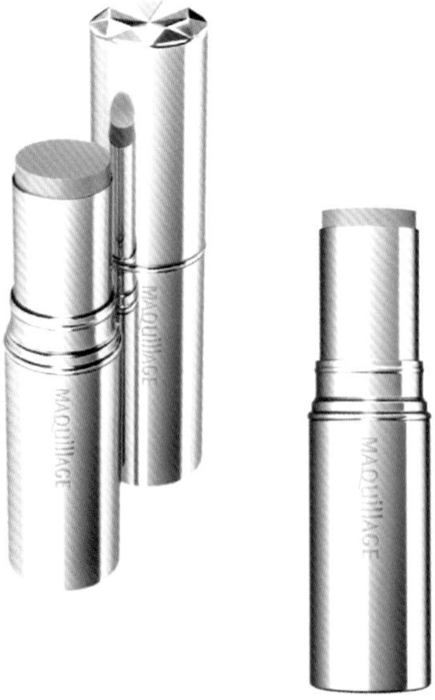

遮瑕 Concealer

唯一能够逾越其他彩妆步骤而单独使用的妆面手法。用少量的遮瑕产品搭配护肤精华进行局部遮瑕，可以达到意想不到的效果。遮瑕产品中膏状固态的品类最多，方便携带便于使用。而产品本身的质感和细腻程度决定了面部妆感的直接呈现效果。

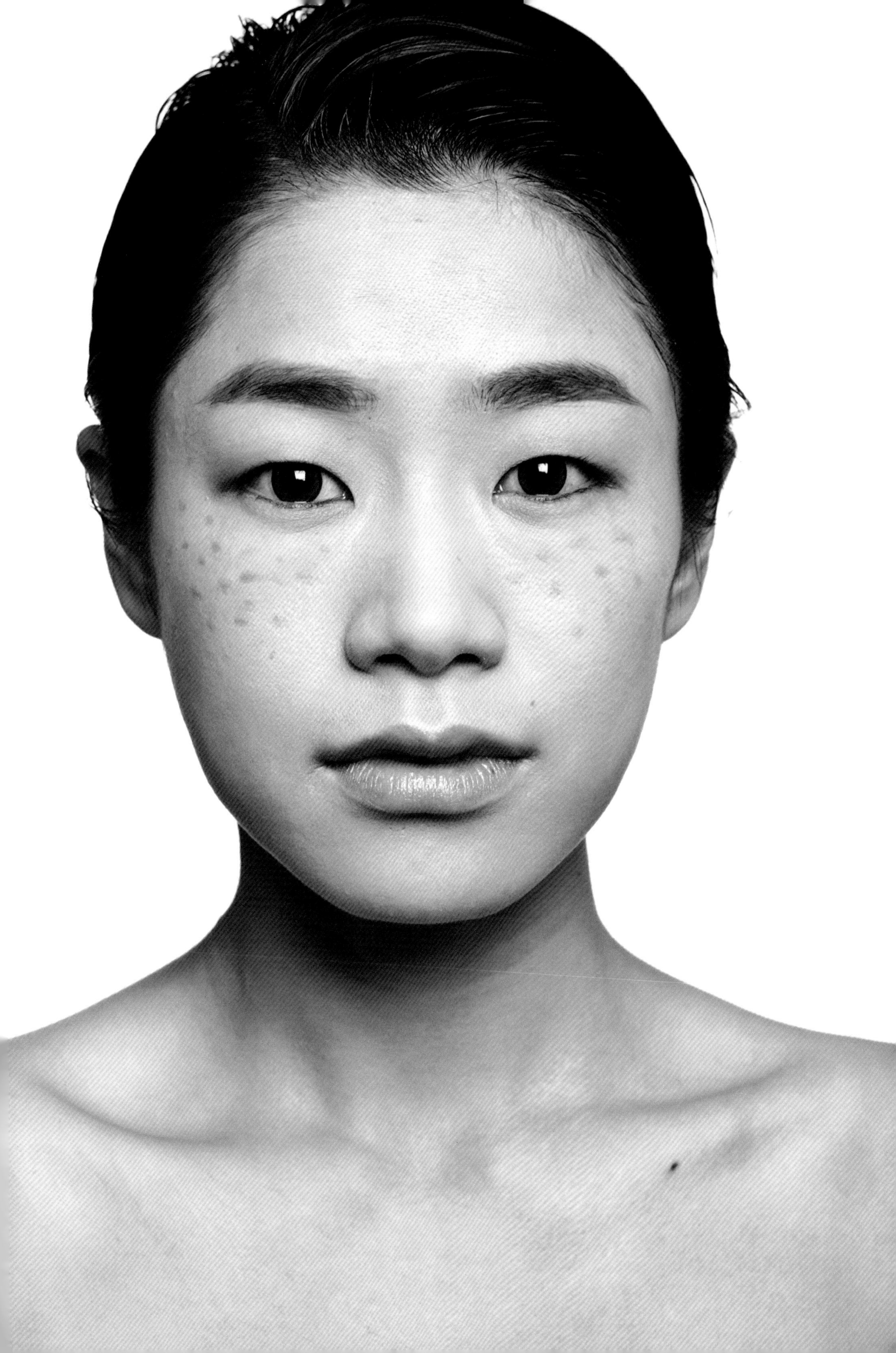

彩妆产品介绍

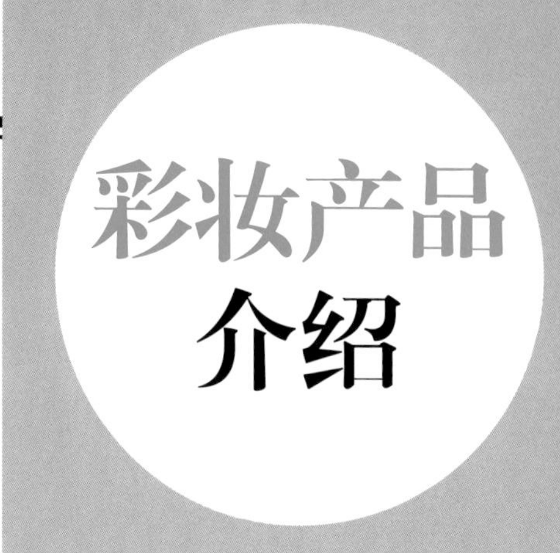

遮瑕膏 Concealer

质地的延展性和遮盖力是遮瑕产品的身价标签。保有滋润度的同时能有效地遮盖瑕疵，这样的遮瑕品才是化妆包里最实用的美颜利器。

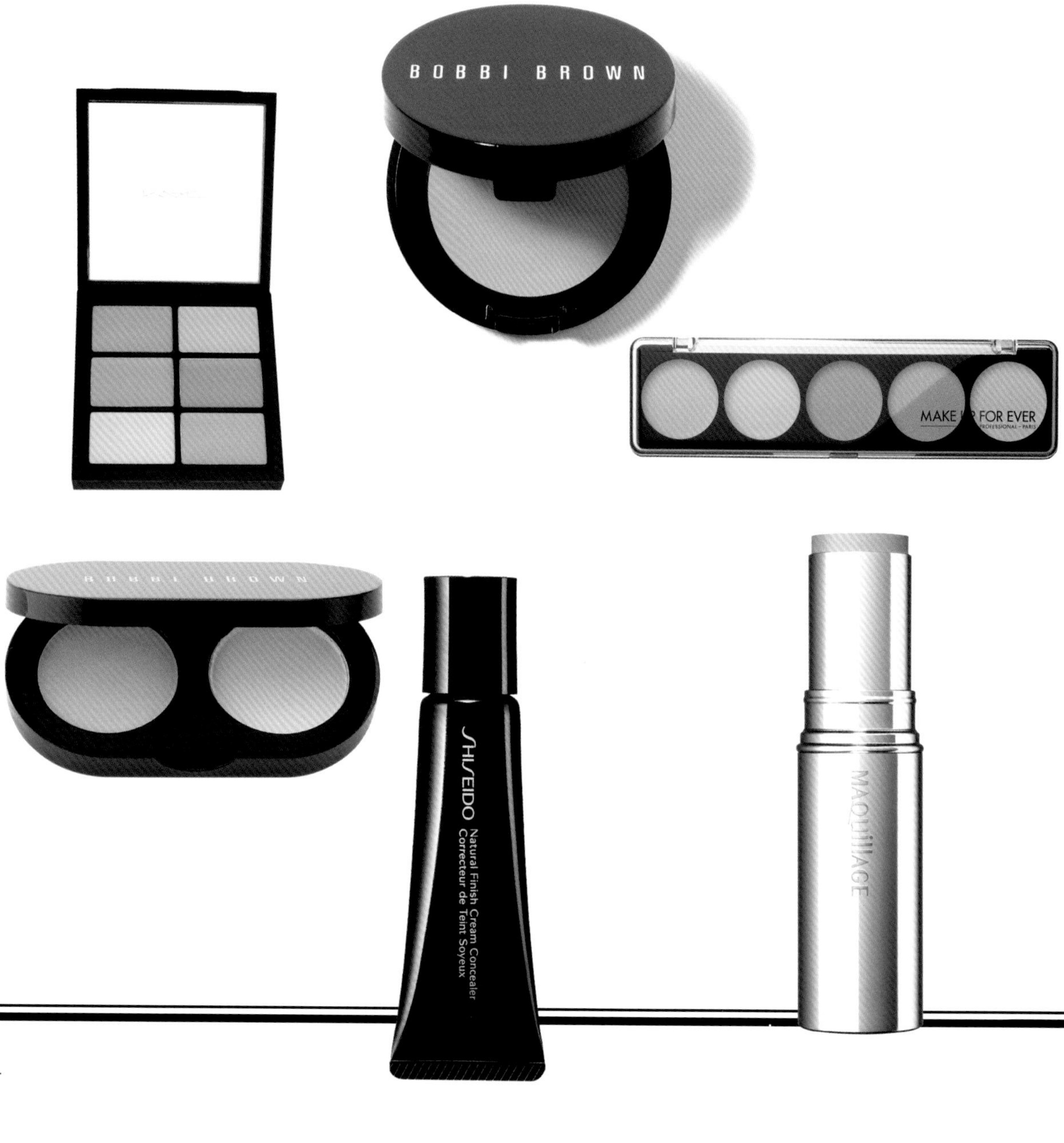

定妆 Finishing Powder

时下的定妆已不局限于控油持久的单一作用。有选择的局部轻涂和喷雾定妆的自然效果成为主流。跨越不同质地的定妆产品本质上是在为粉底和彩妆之间搭桥牵线，往往色彩刻画较多的部位更需要扎实反复的定妆，这样才能保证色彩是在干净的“画布”上挥洒，而不是水油混合的紊乱层面。作为底妆的收尾步骤，定妆同样不可忽视。

散粉 Loose Powder

油质底妆的中和产品，细腻顺滑的粉质可以填补不同浓度的底妆空隙。平实表面，消除过油妆感，封存妆效和抑制油分堆积。

散粉有多种类型，包括蜜粉、珠光粉、亚光粉、HD 高清粉、无色透明粉。

●蜜粉：形态各异，松散分离的细微颗粒有效包裹任何彩妆，用粉扑蘸取匀面，厚重而又细嫩。

●珠光粉：作为突出效果显著的产品，用于特殊妆感的放大和提亮。

●亚光粉：使用率最高的定妆产品。丝绒质地绸缎质感的底妆都要靠亚光粉来做最后修饰，能掩盖油分，均匀上色前的肤质。

● HD 高清粉：匀亮透明，轻薄异常。细腻微弱的光感能使底妆持久不干燥，在过度曝光或过量使用的情况下会出现聚集反光的弊端。

●无色透明粉：用于日常美妆的塑造。不带有极强的遮盖和中和能力，只具有匀色和填补效果。

粉饼 Powder

便于携带的定妆精英。压实后的散粉薄透均匀，不会造成过量堆积的弊端。

粉饼按功效分类可分为：控油粉饼、保湿粉饼、遮瑕粉饼。

●控油粉饼：多为亚光质地，改善表面油光过盛的状况，长效抑制油脂分泌。

●保湿粉饼：含有滋养成分，在底妆外层形成水油结合的屏障，防止干燥卡粉。

●遮瑕粉饼：质地厚重，协助底妆和遮瑕产品的调整效用，挥发独有的融合服帖功能，平滑细致。

眼影 Eyeshadow

深邃的目光源自瞳孔四周的绚丽。想要使妆容绽放光彩，眼影的运用是必不可少的点睛之笔。它没有局限，没有定数，完全可以按照自己的想法随意勾勒描绘，出色地完成化妆师们各种任性的笔触，无可取代。

眼影 Eyeshadow

●亚光眼影：消除眼部浮肿和自然美妆的看家法宝。能和底妆及肤色完美地融合在一起，用来勾勒轮廓、提亮加深、晕染延长、填充眉型、前移发际线等多种用途。因为颜色丰富，可以和眉粉、修容等粉质产品互相替代，化妆必备。

●珠光眼影：凭借独有的闪耀颗粒质地获得热烈追捧，突出和膨胀效果显著。相较亚光质地而言更容易晕染，在日韩系妆容、创意彩妆和舞台化妆中都能频繁地见到珠光眼妆的身影。适合肤质较好的部位，增添华丽夺目的感觉，要避免接触瑕疵部位，否则会雪上加霜。

●眼影膏：在显色度和饱和度上取得突破的升级版眼影质地，因为融合了水油成分，所以附着力强，质地厚重浓稠，在强光的照射下依然可以保留大部分颜色不被淹没。像底妆与唇妆般拥有多种多样的形态，例如稍为稀薄的啫喱液态和近似唇膏的浓厚膏体。

●钻石闪粉：珠光妆效的进阶级产物。可以贴合在膏体和啫喱的彩妆上多方向折射光线，是封层在最外围的化妆强调产品。通常情况下要伴随其他彩妆品共同使用，所以用途也更加广泛。眉、眼、唇皆可使用，眼妆中多半在眼睑和睫毛的刻画中出现。

BOBBI BROWN
BOBBI BROWN
Dior
Dior
Glo & Ray
Glo & Ray
MARIPOSA
Guerlain
SHISEIDO
SHISEIDO

眼线 Eyeliner

睫毛根部的多点成线奠定了眼线在彩妆界里不可撼动的地位。无论怎样强调神采和灵魂，都逃不过眼线的基底构造。这样一根平凡的线条，灵活多变，赋予妆容无限的视觉冲击力。

彩妆产品介绍

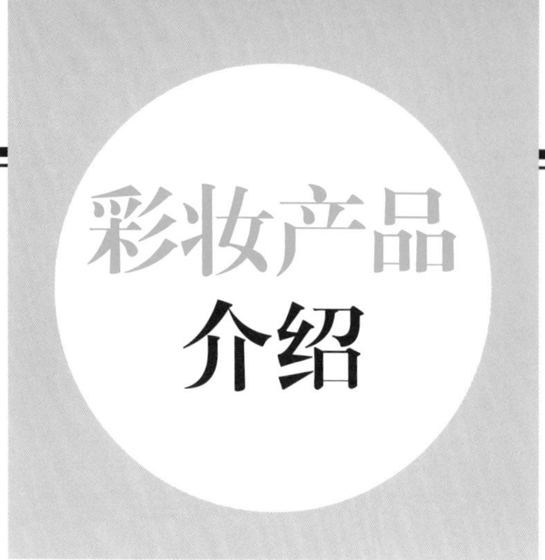

眼线液 Liquid Eyeliner

快速易干不晕妆的代表，缺点是不易修改，因此对操作者的技术要求也比较高。使用时可以搭配眼线笔和眼影粉为睫毛根部遮盖定色，也是为假睫毛后续填补根部空隙的实用工具。

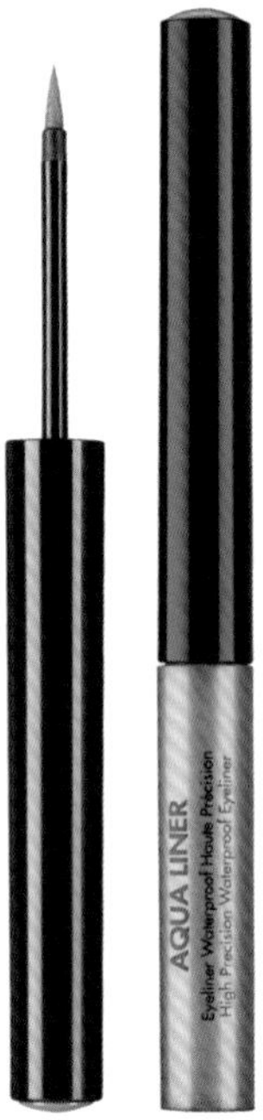

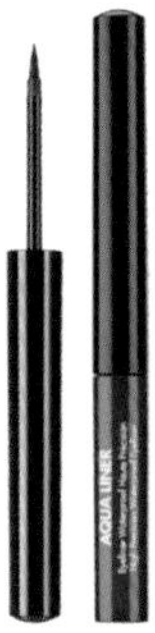

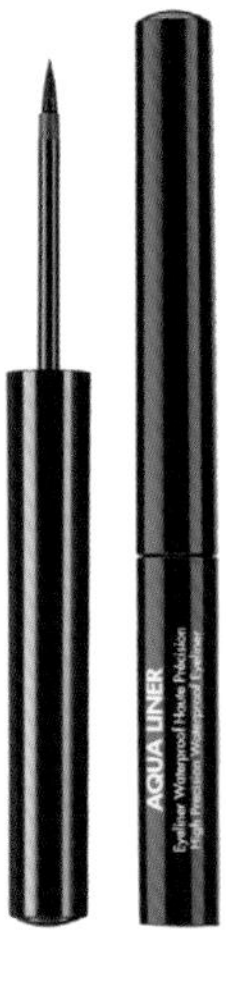

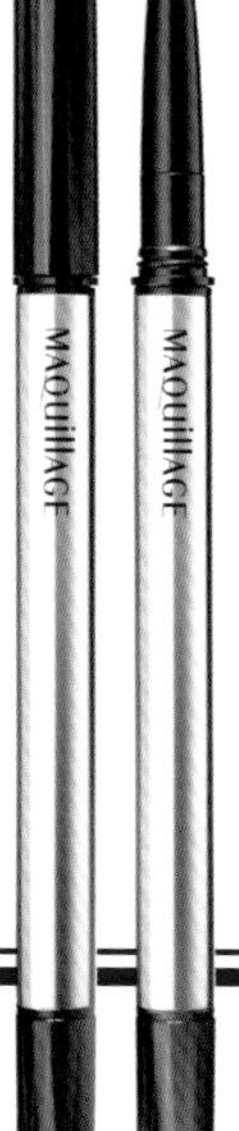

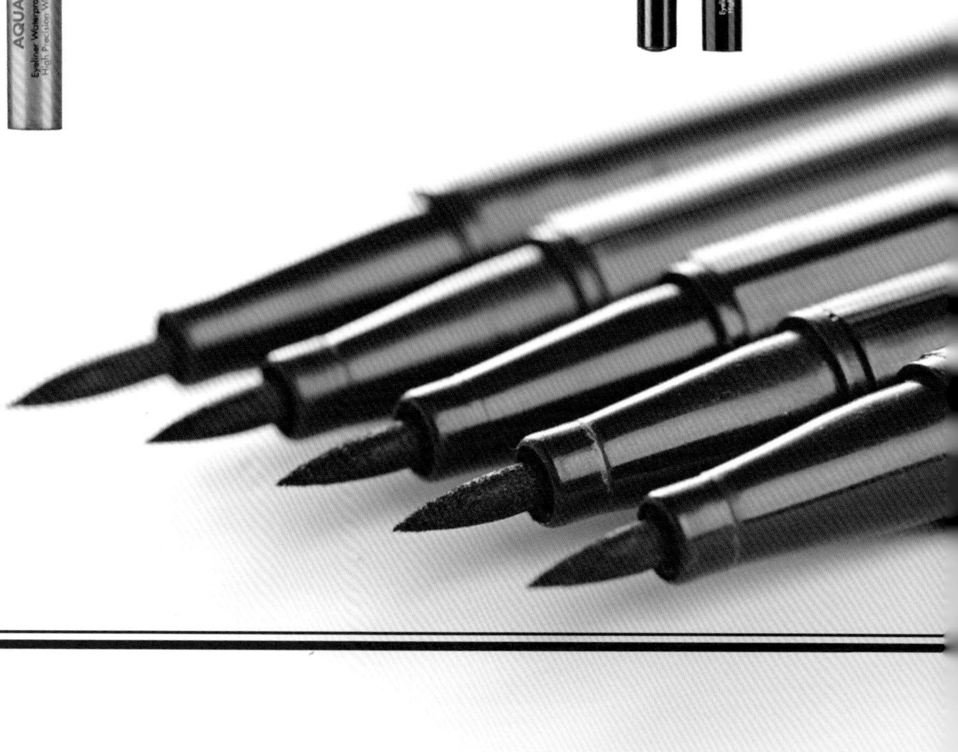

眼线笔 Eyeliner

最容易操作的眼线化妆工具，含有蜡质成分和胶质成分的眼线笔都可以轻松勾勒眼部线条，淡处可以晕染弱化，浓处可以叠加强调。但其不稳定的状态也容易造成晕妆和掉色，是作为快速上妆和初学者练习的最佳选择。

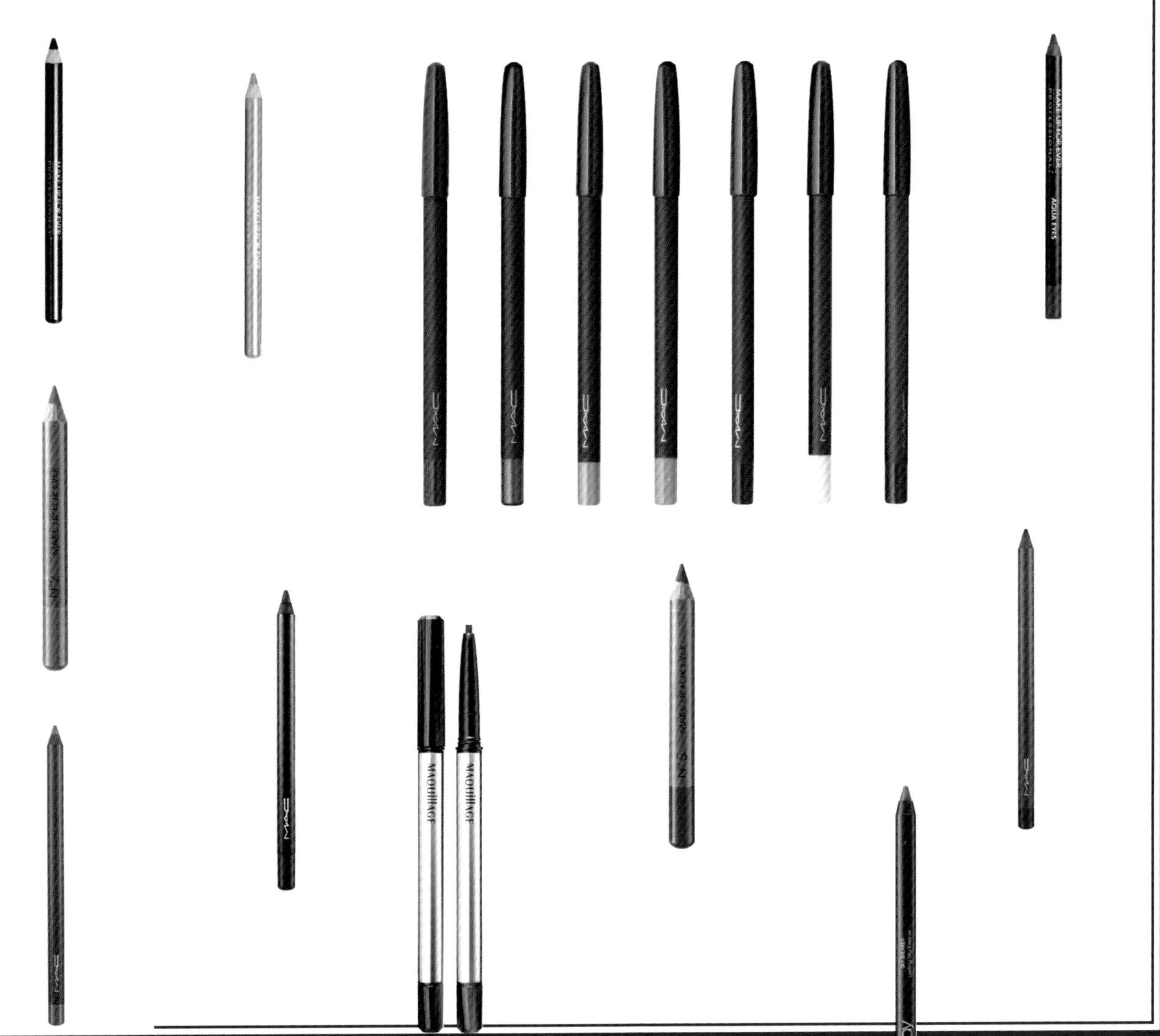

眼线膏 Eyeliner

不易脱妆和较好操作的综合优点使膏体的眼线产品独占鳌头。使用时需要搭配专用的眼线刷蘸取上色，像水墨画笔一样可以随意调整线条的浓淡粗细。内含的水分蒸发流失后便难以使用，所以要注意及时封存，延长使用期限。

睫毛膏 Mascara

可以独当一面的畅销彩妆单品。通常浓密、纤长、定型和滋养等几种不同功能的产品搭配使用。利用膏体固定上翘的睫毛，从而扩大眼球裸露面积，露出更多眼神光，让双眼极具神采。由于眼部的特殊弧度，睫毛膏的刷头也有广角、集中、细密、曲线等不同形状。

眉妆 Eyebrow

作为最难驾驭的化妆技法，眉妆是广为认同的重中之重。如果没有这两条黄金弧线的修饰，再出彩的妆效都会大打折扣。也正是因为主宰面部比例的眉型宜喜宜嗔，才能有由心及面的怒愕悲欢。画眉这件事，势在必得。

彩妆产品介绍

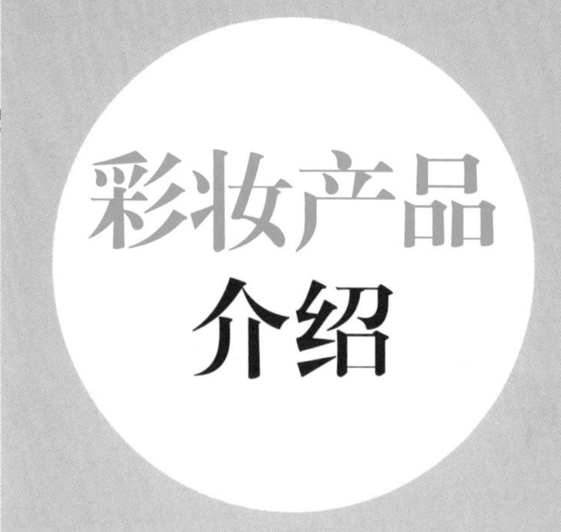

眉笔 Eyebrow Pencil

继承了笔质彩妆品的优良传统，操作简单，线条流畅，快速易改。同样也存在易挥发和不持色的弊端，也有含蜂蜡成分的改良眉笔，在一定程度上克服了掉色的问题。作为基础妆品，是所有品牌都各有千秋的根本领域，选择众多。

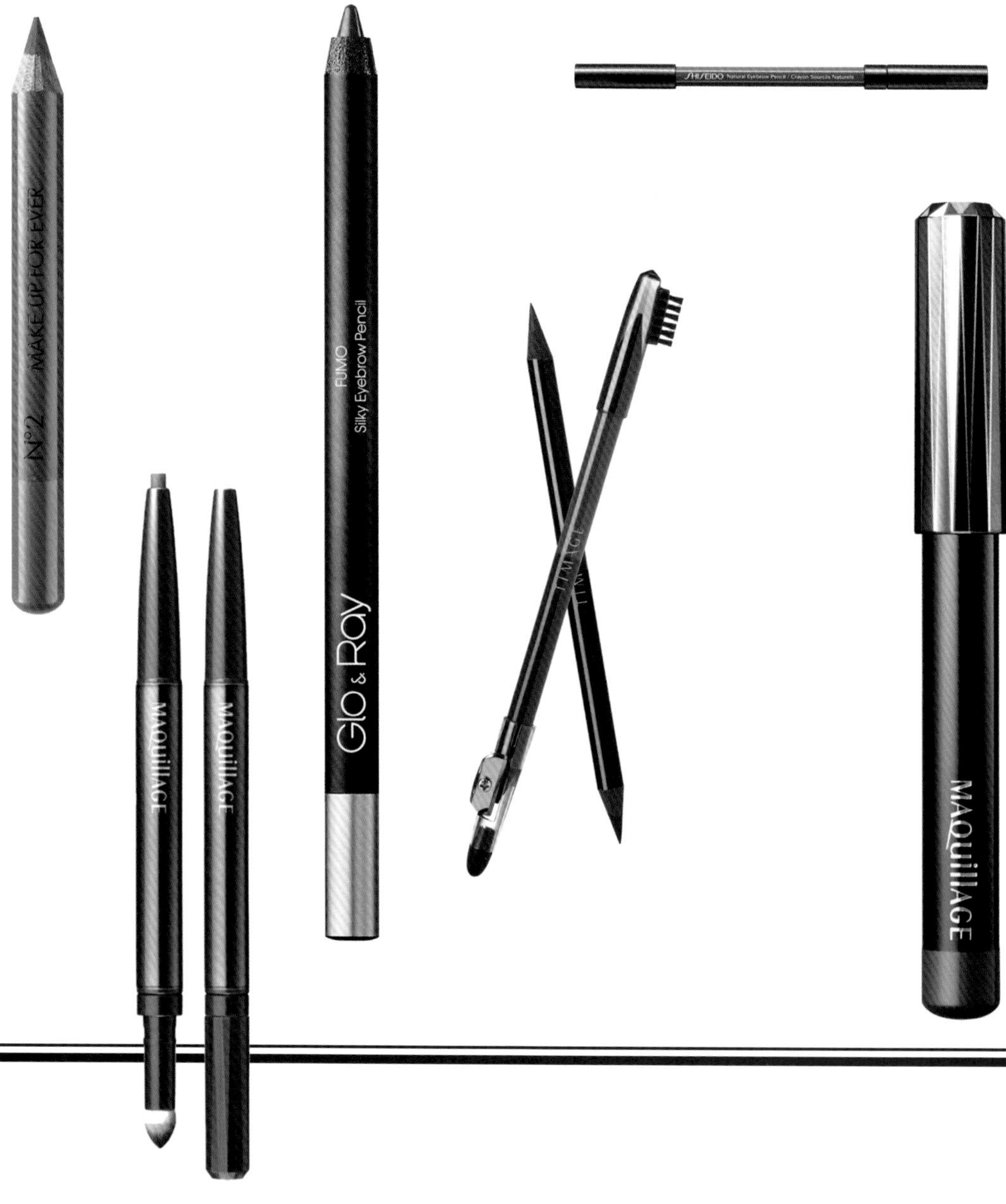

彩妆产品介绍

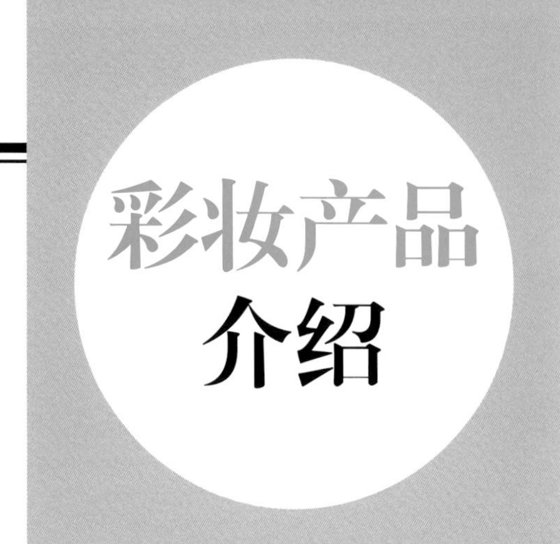

眉粉 Eyebrow Powder

与线条分明的眉笔不同的是，眉粉独有一种朦胧雾感的妆效。颜色均匀清淡，是少女萝莉人手一盒的宝贝。搭配眉笔使用可以在线条之间填补空隙，在行家手中，也可以用于眉头的轻描淡写，突出眉妆的立体层次。

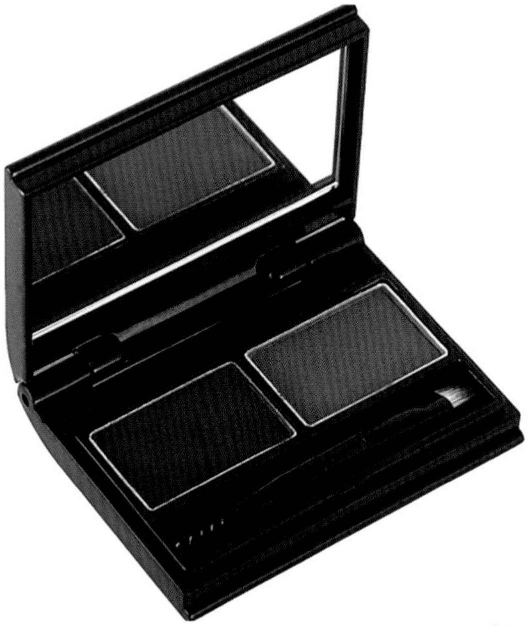

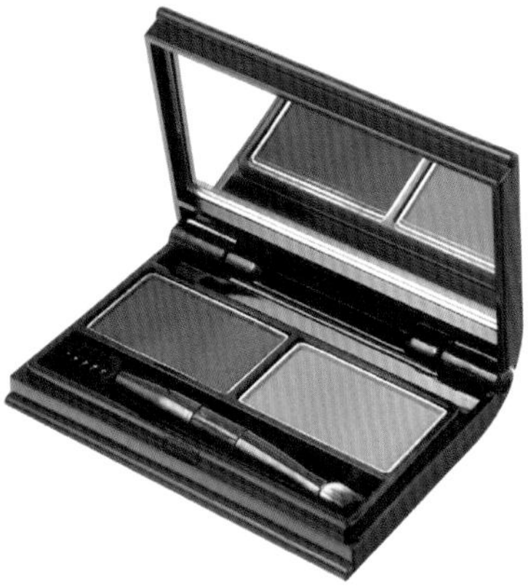

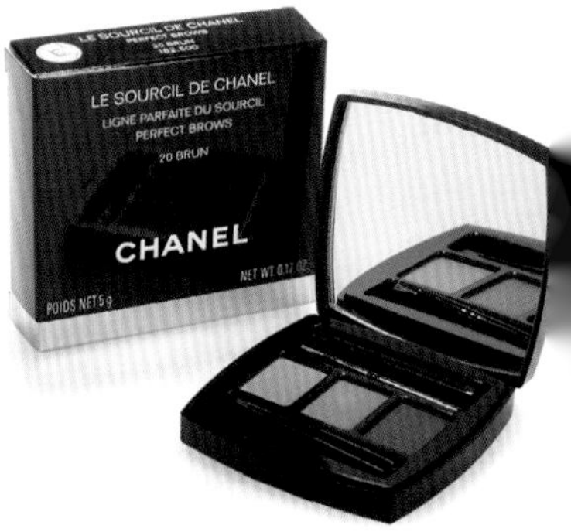

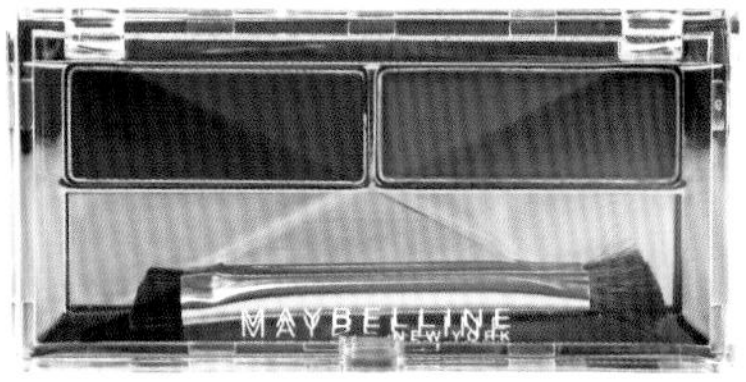

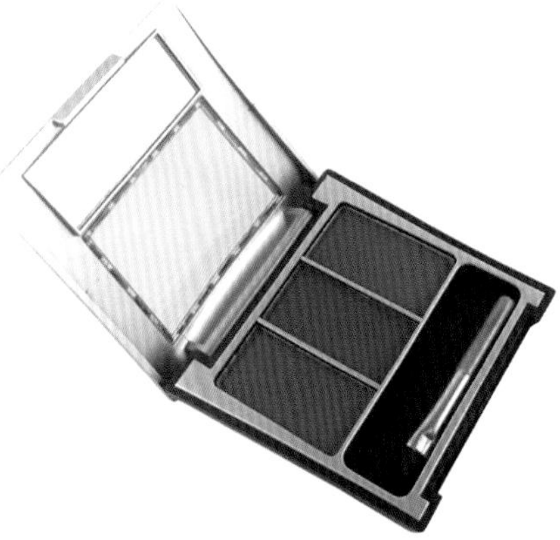

眉毛修正液 Eyebrow Corrector

在表面皮肤上的刻画，并不能使所有眉色的妆感都达到和谐精致。如果在发色或瞳孔颜色较浅的情况下，就要用到眉毛修正液使眉色和发色和谐统一。不再局限于平面修饰的手法，立体染色，并且能利用膏体的质地理顺眉型，流畅自然。

腮红 Blusher

从妆面的整体视角来讲，腮红是突出气色的关键一步。通过腮红产品打造出来的双颊绯红是大多数日常妆容想要拥有的自然妆效。在产品的搭配上，也根据其他彩妆产品的不同形态，推出了液态或固态的腮红，通常和唇部彩妆搭配使用。

粉状腮红 Blusher

最常见的腮红质地，传统的颜色以粉、橘为主。鉴于其粉质的通用性，棕色亲肤色系可以用作修容，彩色可用于眼妆，红粉色系可用于雾感唇妆。上妆位置常见于正面颧骨和侧面脸颊，团式可爱朝气、斜式成熟魅惑。

膏状腮红 Blusher Cream

炙手可热的彩妆单品。各大品牌纷纷推出了自家的膏状腮红，因为用途广泛，包装上有更多的文章可做。当然最主要的是上妆效果自然服帖，无论是打在底妆之上还是盖在粉下，都像脸颊的自带绯红，值得一试。

液体腮红 Liquid Blusher

色泽浓郁饱满，又名胭脂水。专门用于打造渐层效果的唇颊妆容。对上妆的速度有一定的要求，过慢不易晕染。液态质地在湿粉底妆上呈现雨雾微醺的效果，深受韩系美妆爱好者的追捧。

Glo & Ray
NUAGE
MAKE UP
FOR EVER
PROFESSIONAL – PARIS
HD
HIGH DEFINITION
BLUSH
ANNA
SUI
SHISEIDO

唇妆 Lip Makeup

背景深厚的唇妆不断地与时俱进，变幻出超于其他妆品的形式和色款。人们甚至很难找出一个最能代表其特点的名称，也就是在这种广范围的认同和追捧下，唇部彩妆才能长盛不衰，大放异彩。

彩妆产品介绍

唇彩 Lip Gloss

唇妆大军的后起之秀，浓稠与轻薄两种质地各有优劣。前者可以丰盈双唇突出视觉效果，后者可用于点染唇部打造咬唇妆。此外，包括珠光、丝柔、雾光等质地在内的新品已成为市场主流。

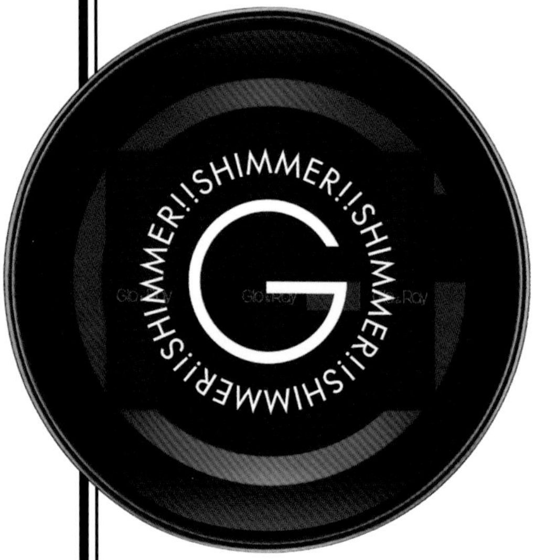

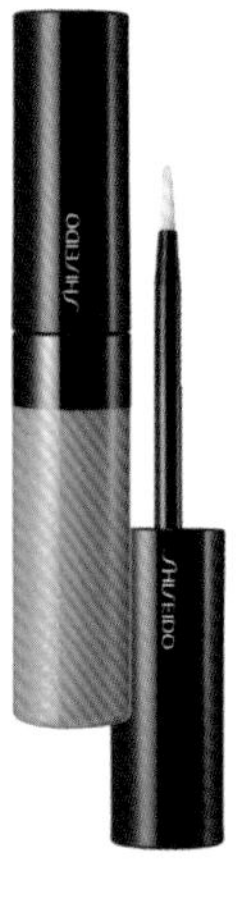

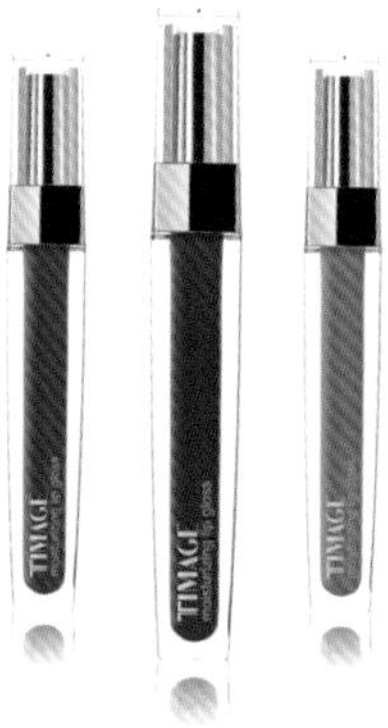

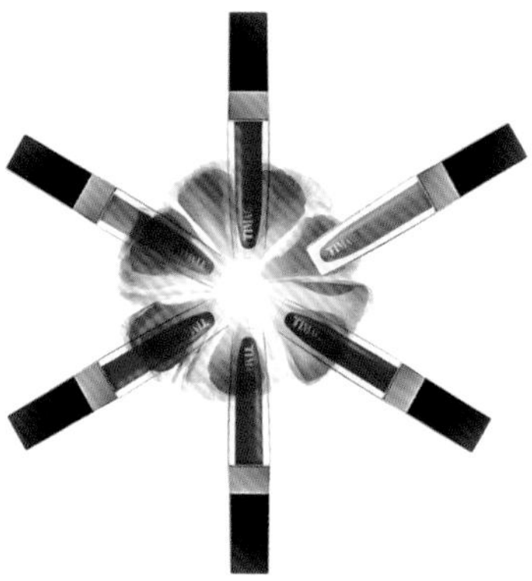

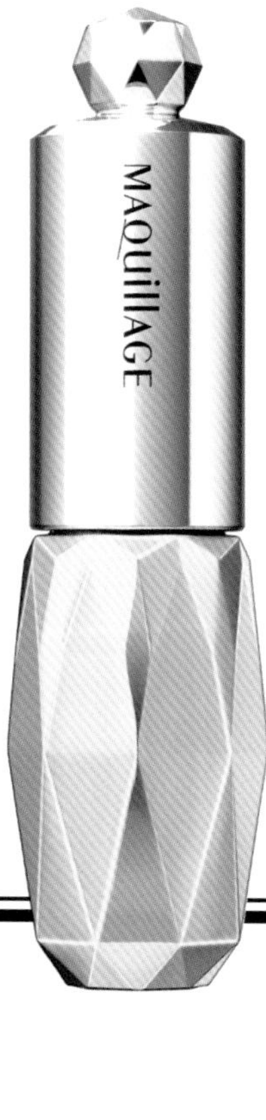

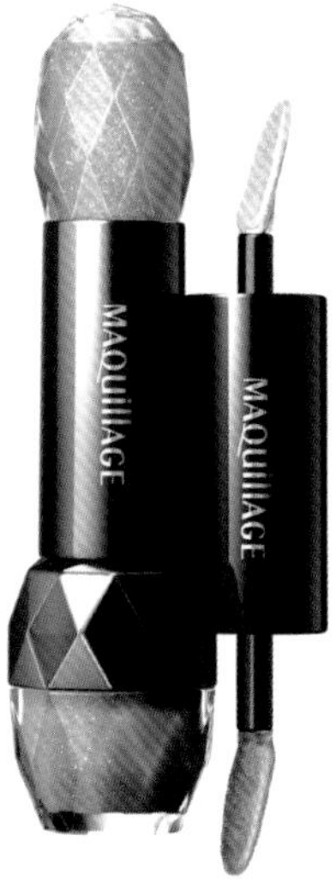

唇线笔 Lip Liner

唇妆的辅助产品。在要求极致轮廓的双唇时可以通过容易操作的唇线笔勾出想要的唇部形状，也可以为唇膏打底或直接用作唇色，搭配使用可以持色更久，色彩饱和度更高。身材小巧便于携带，颜色选择更多。

彩妆产品介绍

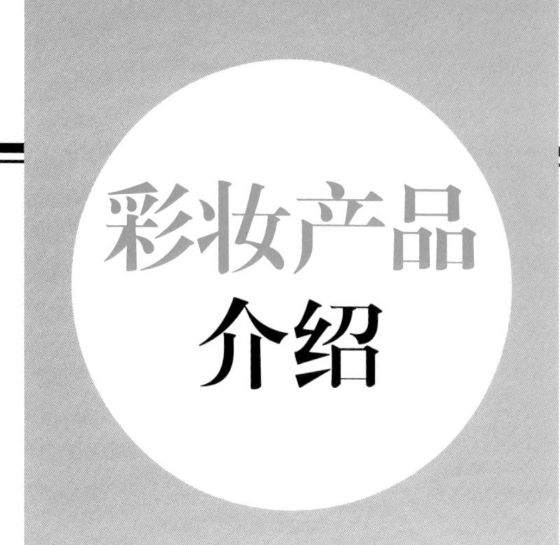

口红 Lipstick

大部分人提到唇妆首先会想到口红，在唇部留下浓郁饱满的红色才是普遍意义上的唇妆。虽然来头不小，但它早已不限于单纯红色膏体的存在形式。高级灰大行其道的今天，融入更多颜色后诞生的偏橘红和粉红被玩弄得风生水起。

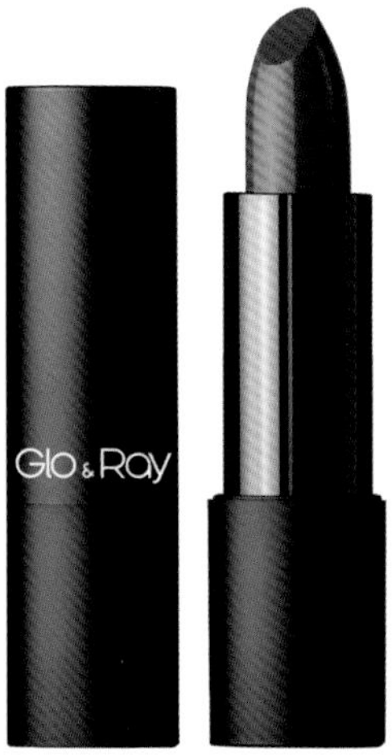

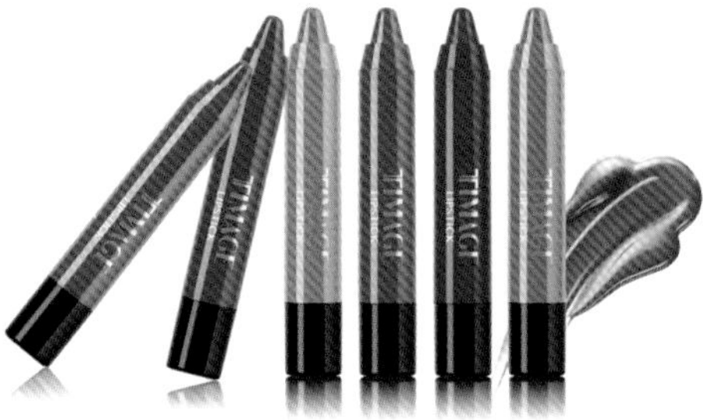

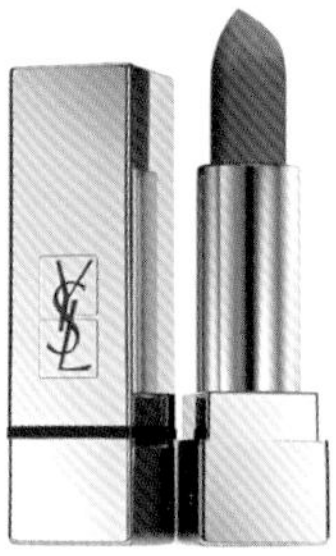

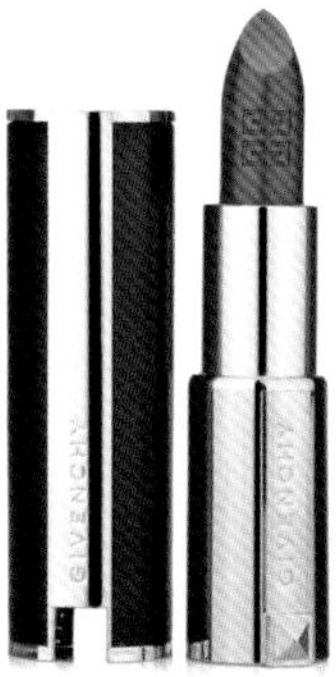

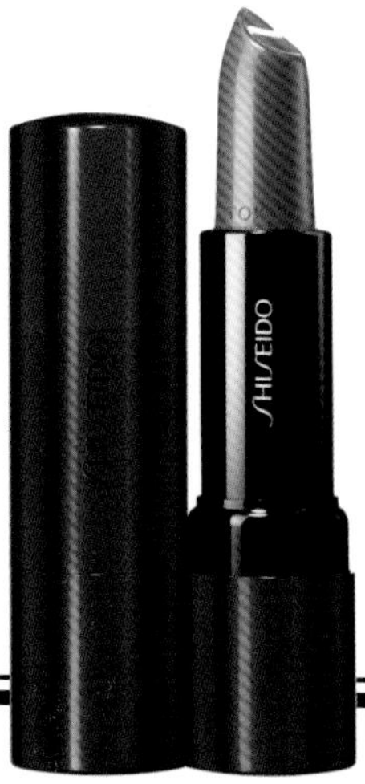

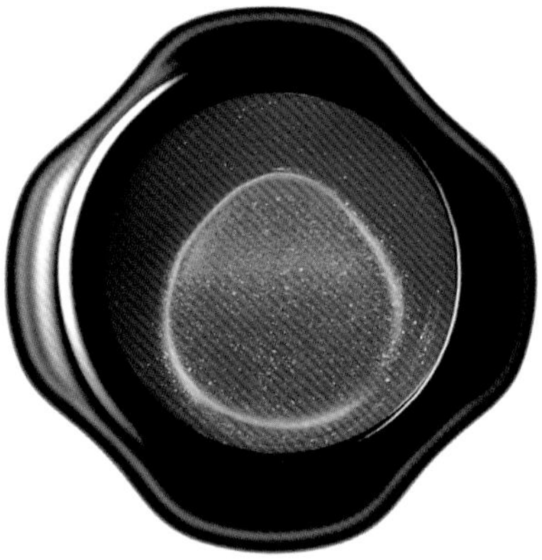

润唇膏 Lip Cream

不只有唇妆打底这一种用途，日常用于呵护唇部柔嫩的肌肤也能使上妆效果事半功倍。特殊油量质地的款式虽然会在上色时打滑，若在涂完唇色后加盖一层润唇，便能拥有另外一种质感的唇妆。

修容 Bronzer

修容的产品通常有粉质和膏状两种形态，要按照妆面质感选取修容的用量和种类，颜色以肤色的复合颜色为准，深浅不一，而且加入了暗褐色或暖棕色之类的灰色成分。从任何一个角度上都可以与底妆与肤色融为一体。

彩妆产品介绍

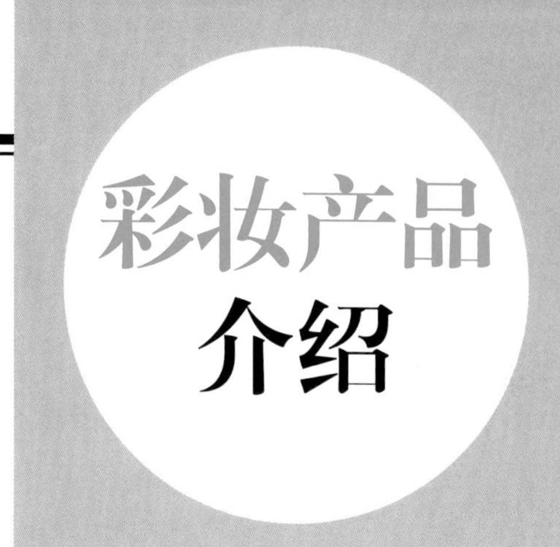

修容 Bronzer

产品因质地的不同延伸到各个领域。粉质的颜色除了可以用于突出面部立体轮廓，也可以加深眼部或提亮眉骨，画就眉型。膏状的修容粉条也可以当作底妆产品使用，过深的颜色可以更好地使凹陷处的色彩自然过渡。没有人会因为它的随意性而忽略这一步骤，因为即使可以用其他产品代替，但作为拯救大平脸的神奇，修容从不曾缺席。

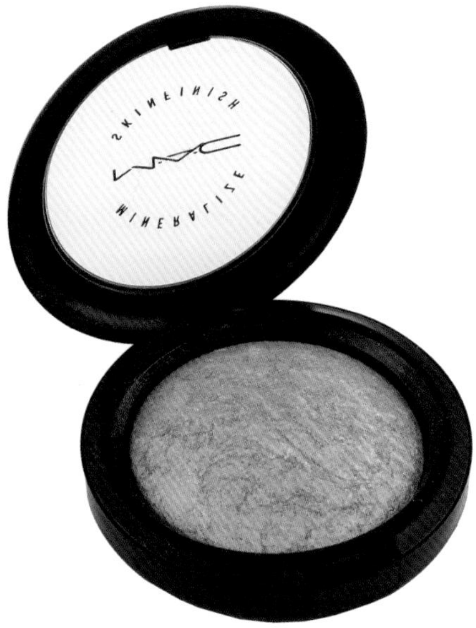

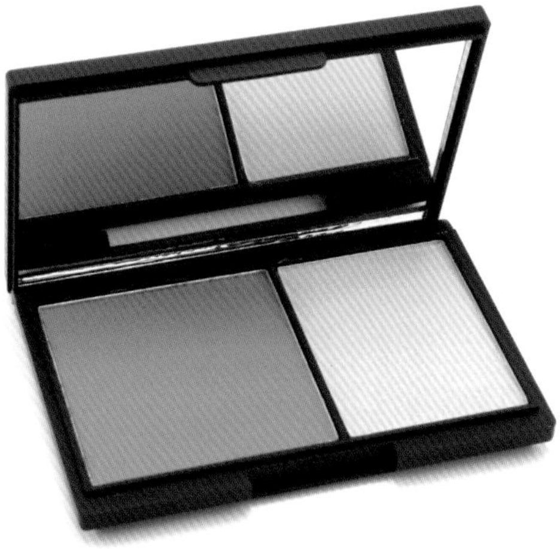

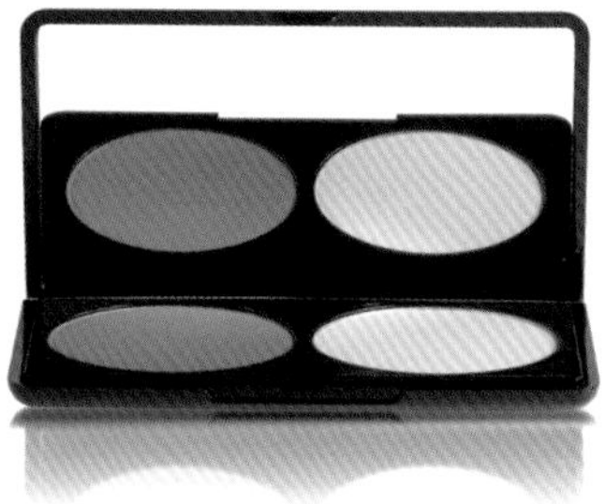

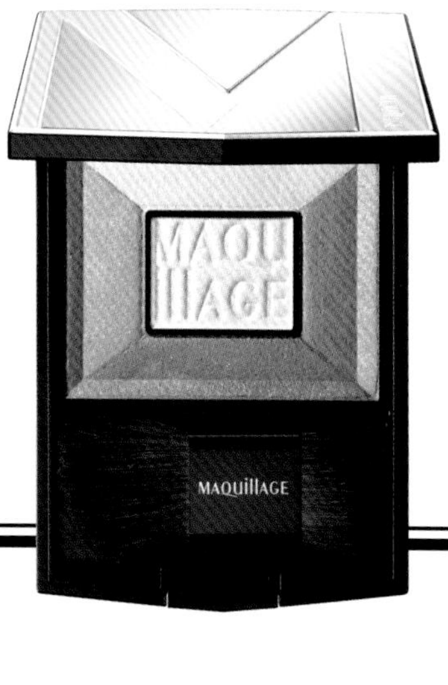

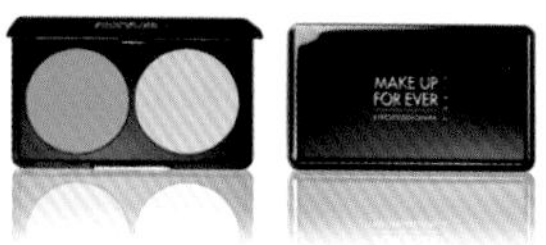

假睫毛 False Eyelashes

放大眼形，深邃眼神，强调视觉效果的利器。可浓可淡，可长可短。常见的款式是按照睫毛的生长方向做出的仿真版假睫毛，整排的假睫毛对眼睑的皮肤有良好的支撑作用，单簇的假睫毛可用来打造精致的自然妆效，多用于日常美妆。舞台妆效或平面拍摄时可用到夸张异形的颜色和款式，价格也昂贵一些，不过可以反复使用，是眼妆的点睛之笔。

彩妆产品介绍

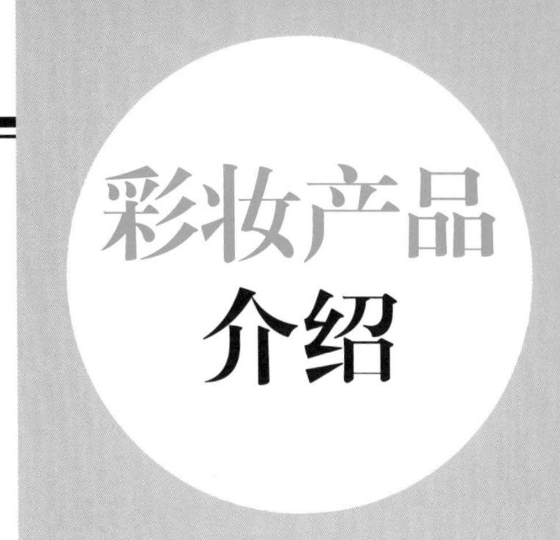

假睫毛 False Eyelashes

一对制作精良的假睫毛可以锦上添花地将眼妆的效果成倍放大出来。保存得当的话可以反复使用很多次，对于一些昂贵的珍品睫毛，当作收藏品也是不错的选择。

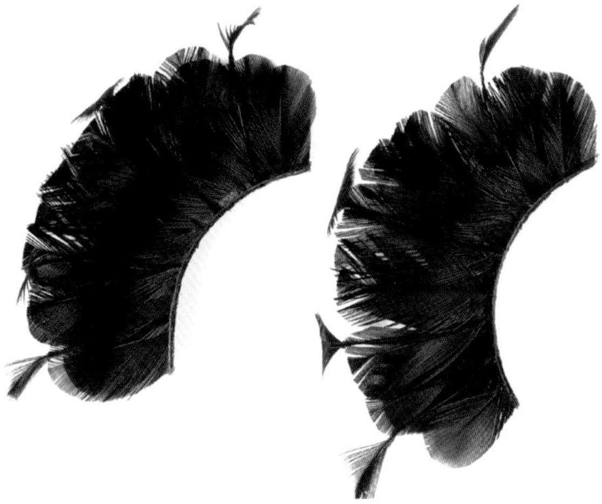

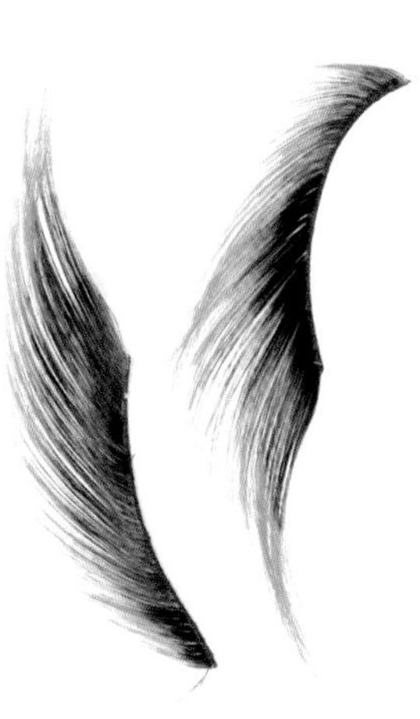

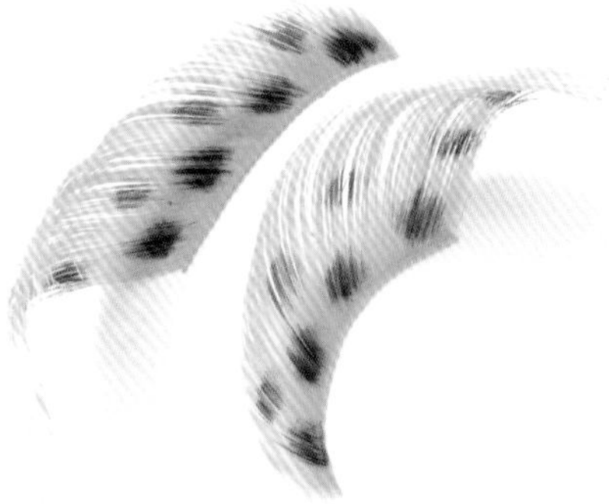

指甲油 Nail Polish

美甲是搭配妆面和整体造型的化妆工序。指甲油的发展自成一派，名称由来也众说纷纭。可以肯定的是，在整体造型的角度考虑，协调适当的款式和颜色不应该抢走妆面和造型的视觉重点，因此雾面和光滑的单色指甲最受欢迎，在特殊妆面中，质地闪耀的指甲油也可以为妆容添色。

指甲油 Nail polish

饱和度和显色度是一瓶指甲油品质的象征。除了珠光、闪片等常见的种类外，雾面和颗粒的质感则更能彰显个性。在高级灰横行的今天，越来越多的人开始选择从前不敢尝试的色系，在搭配中寻找乐趣。

化妆刷 Brush

手指化妆的终结产物，专业化妆领域的旗舰产品。纤维质地、毛绒质地的刷具分别被用在底妆和粉质、膏状、液态的彩妆产品中。是化妆工具中划分最系统的产品。依照个人习惯可一刷多用，在接触的品类中，大致可分为干粉刷和湿粉刷，即根据所接触的产品质地划分而成。刷具的硬度、长度和形状各家各异，唯有握感上乘、便捷好用是不变的准则。

引领美
China Chic

彩妆产品介绍

化妆刷 Brush

在刷头狭小的面积中，设计师们充分利用材料的特性去改变每一支刷子的触感、形状以及质地，使它们不仅适用于粉质与膏体彩妆，对于其他新型彩妆也同样适用，在化妆工具中俨然自成一派。

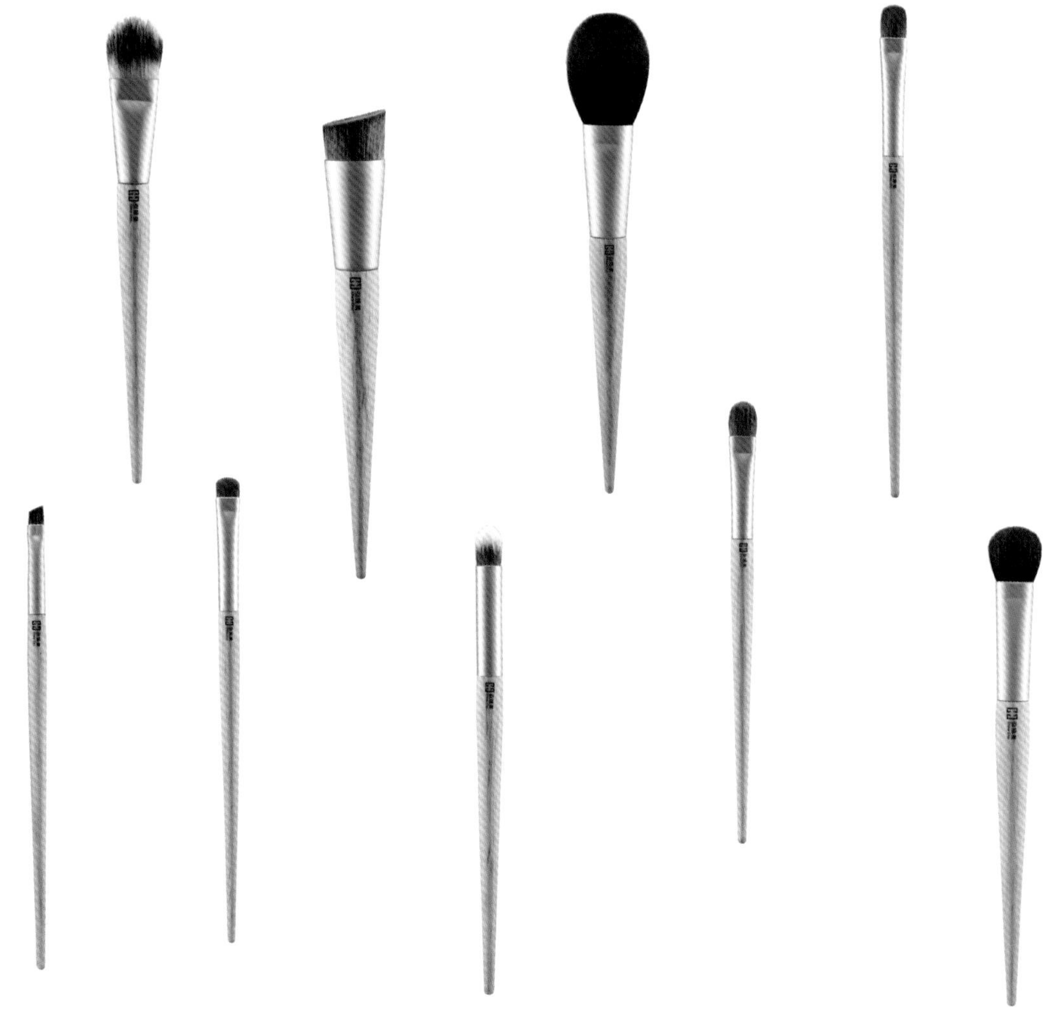

-087

其他工具 Accessories

边边角角的辅助工具在化妆时能起到彩妆产品不可替代的作用，依托它们的小巧灵活，便于携带，可以修理用具，调整妆面，清洁污渍。在使用中也是根据自身习惯灵活运用，是不可或缺的化妆必备品。

SHISEIDO
Foundation
Teint Lissant
Perfecteur
SPF 15
MAQuillAGE

睫毛夹 Eyelash Curler

可独立呈现美睫的工具。在自身睫毛条件较好的情况下，使用睫毛夹就可以开阔视角，放大眼神光，使睫毛自然上翘。衍生出的带温度的电烫睫毛器可以安全地令睫毛卷曲飞翘。

转笔刀 Pencil Sharpener

在化妆前可以修理眼线笔、唇线笔、眉笔等笔杆状的彩妆产品。搭配不同口径的刀口可以更全面地辅助笔质产品的及时调整。

镊子 Tweezers

通常用来夹取假睫毛和美目贴的便利工具。夹口有形态各异的鸭嘴状、月牙状、平口状等，可以用作不同用途的化妆步骤中，也可以在创意妆面需要用钻石等小物件点缀时夹取细碎的物体。

小剪刀 Scissors

修剪一切化妆时认为应该改变长度和形状的物体。例如假睫毛、假发、眉毛、美目贴等。在完妆之后也可辅助道具的调整制作。由于是金属材质较多，制造工艺的优劣决定使用体验的好坏。

美目贴 Double Eyelid Tape

调整眼型的重要工具。根据具体情况变换出不同形状的弧线和几何形状。用于调整下垂、上扬、大小不对称的眼型或者单眼皮。在描绘特殊的几何图案时，也可以贴在面部晕染出平滑的线条。

棉棒 Cotton Swab

贴心万能的化妆工具，可以用来蘸取唇膏，晕染眼影，擦除粉屑，修改妆面，支撑睫毛，梳理毛发，淡化颜色等。质量好的棉棒不易掉屑，耐用，韧性好。在卸妆时可以帮助清理死角和眼妆的细微之处。

喷枪 Air Brush

属于新型的化妆工具，可以喷出雾状的彩妆，更细腻地贴合到肌肤，打造完美的底妆，适合皮肤较好的人。借助其他的辅助工具，可以刻画出更加丰富的轮廓和形状，有型无边的独特妆感也深受创意造型师的青睐。

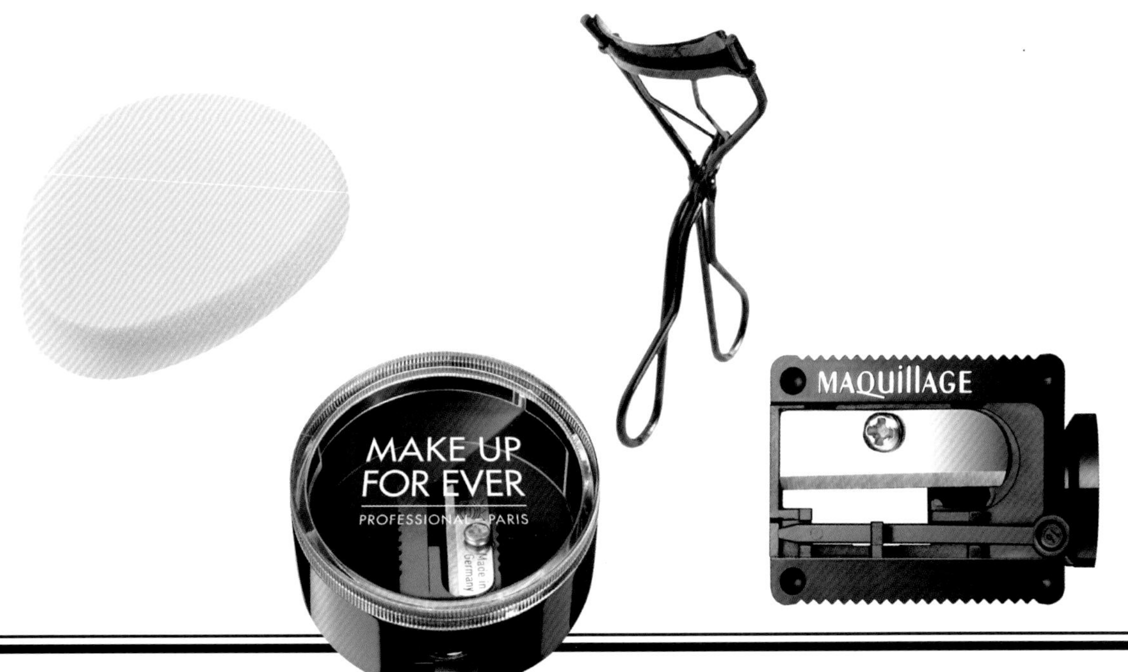

Chapter 04 主题眼妆技法

每一个出彩的妆容最能吸引目光的部分，往往是对心灵之窗的重点刻画。而突出一个妆容主题的最佳办法，就是通过眼妆来表现你想要传达的内心意境。所以说，能掌握一些实用的主题眼妆技法，是化妆师提升艺术修为的关键一步。

01 主题眼妆技法

平涂技法

『平涂眼妆技法是适用于任何人群的基本技巧。无论是学生或是上班族，在化眼妆时都会用单一颜色按压眼部增加神采，简单易学。』

step 1

按照脖子的颜色，选择适合模特的粉底，均匀涂于面部，局部瑕疵用遮瑕膏遮盖。嘴唇颜色不均匀也可以用少许粉底遮盖，用亚光接近无色的散粉定妆。

step 2

眼影从眼头到眼尾均匀涂抹，不需要任何的局部加深。浮肿的眼睛可以用亚光质地的眼影来缓解视觉的膨胀感。

step 3

上色之后使淡淡的眼影颜色均匀覆盖眼睑，长度根据眉毛的长度决定。上下之间的范围在眉眼间距离的1/2处，如果眼型过短可将眼影适当延长。

step 4

根据模特的脸型修整适合的眉型。模特自身的眉毛略微上挑，用褐色的眉笔按照轮廓填补缝隙后，适当调整对称程度即可。

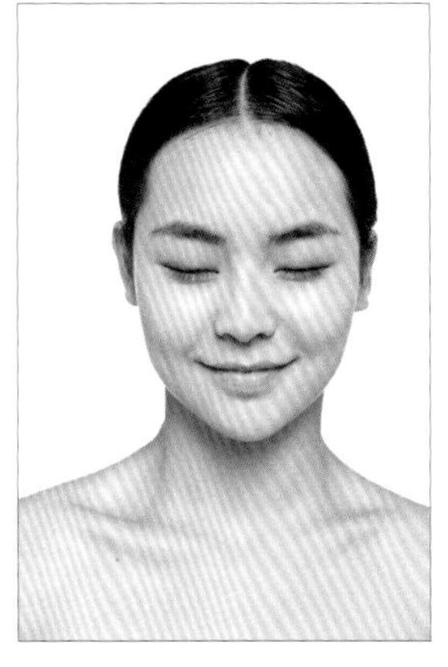

step 5

睫毛夹翘后，选用自然型号的假睫毛粘贴于自身睫毛的根部。假睫毛的纤长程度要根据模特睁眼后眉眼间距的宽窄决定，自然妆感的睫毛不宜过长。

step 6

眼线紧贴睫毛根部连接空隙，从眼头开始向外平滑顺畅连接成型，在眼尾处平行拉长。平涂技法的眼妆较淡，所以眼线只能根据眼型做适当的改变，不宜过粗过长。

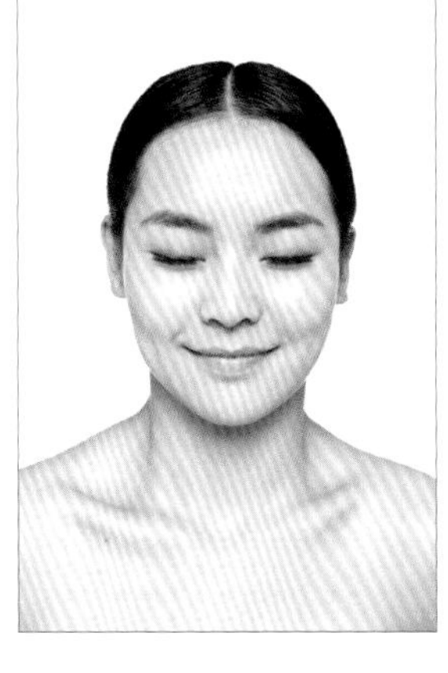

step 7

微笑时的苹果肌最高点是腮红颜色的最深处。唇色用粉底修饰边缘后，用和腮红同一色系的亚光粉色均匀涂抹。

02 主题眼妆技法

渐层技法

『渐层技法是平涂的进阶步骤，自然裸妆的必胜法宝。深浅有致的自然过渡是考验颜色运用熟练度的关键，掌握好渐层技法便可以胜任大部分的美妆造型。』

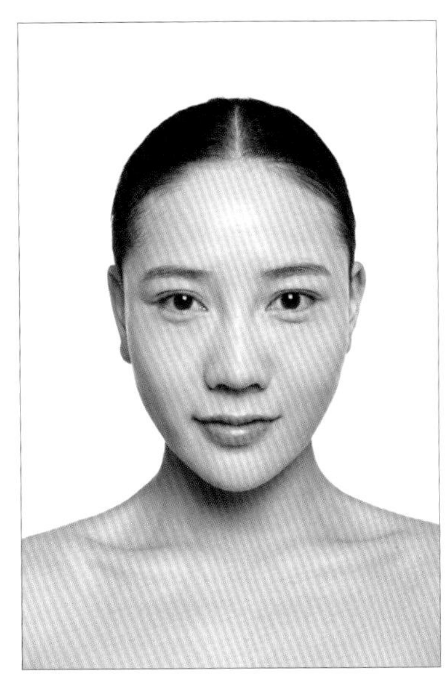

1 step

用浅色眼影靠近睫毛根部向上涂至眼窝渐渐变淡，再用同一色系较深的颜色加深睫毛根部。两层颜色自然衔接过渡。

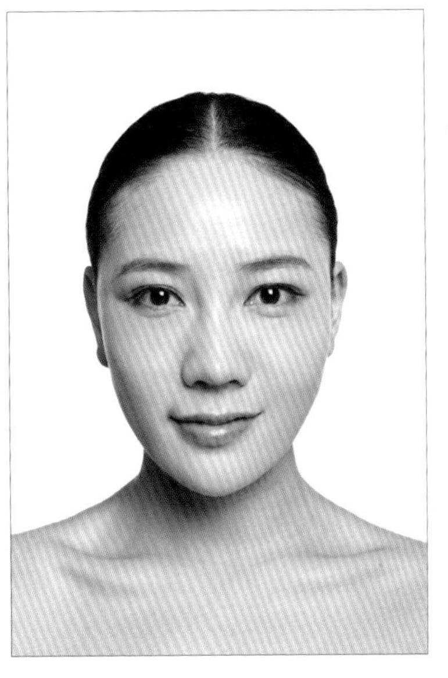

2 step

按脖子的颜色选择适合的底色，做好定妆和遮瑕。匀亮健康的肤色可以更好地衬托眼影的质感。

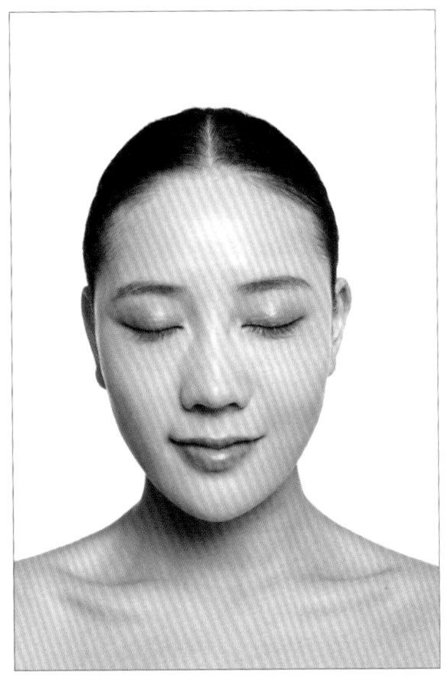

3 step

浅色眼影从内眼角平涂到外眼角，宽度画在眉眼距离的 1/2 处，眼影边缘虚中有型，外轮廓近似枣核的形状。

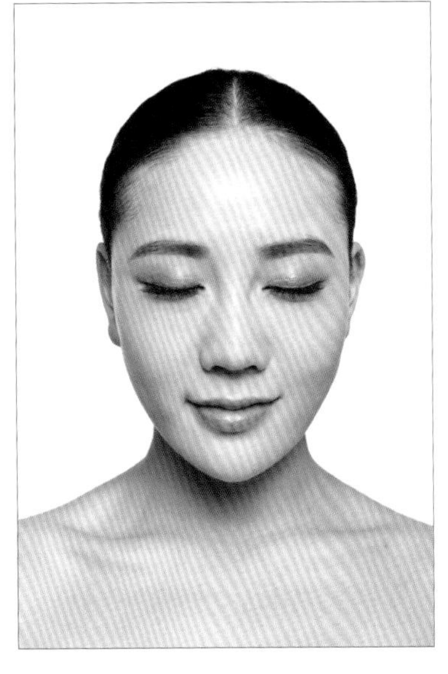

4 step

根据模特脸型修饰眉型，眉毛颜色根据发色选择。眉头柔和，眉尾清晰有型，眉腰上浅下深有层次感。立体眼线从内眼角紧贴睫毛根部平行向后拉长。

5 step

自然型号的睫毛紧贴根部，与本身的睫毛结合。眼妆完成后可酌情加深眉和眼影的颜色，适当调整。腮红和唇部都用橘色系，可以衬托模特健康自然的气色。

03 主题眼妆技法

段式技法

『段式眼影在颜色数量和形态上没有明显的区别划分。不同的颜色过渡时会产生另一种衍生颜色，根据造型要求来调整变化。』

这组段式眼妆的重点在下眼睑中段的亮色部分。金棕色在暖色的轮廓色和唇色之间亮眼夺目，从视觉效果中突出重点。拉长的深色眼尾流畅有力，构成的纤长眼型在长度上完美呼应中间亮色的膨胀感，使整个妆面惊艳夺目。

04 主题眼妆技法

两段式技法

「段式技法的重点在于对整体色彩变换的掌控，利用融合交接的碰撞范围打造突出主题的点睛之笔。而颜色数量的运用则多以两段居多。」

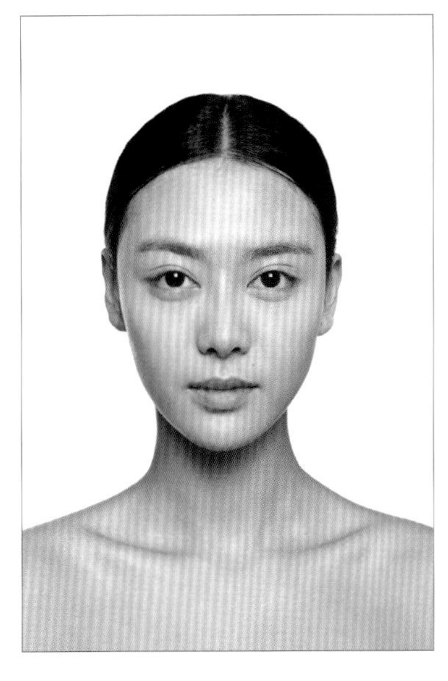

step 1

打底、遮瑕、定妆做好后，着重为眼部定妆。段式眼影因为彩色粉末用量较多，所以更需要扎实的眼部基底，从而更好地透出眼影本身的颜色。

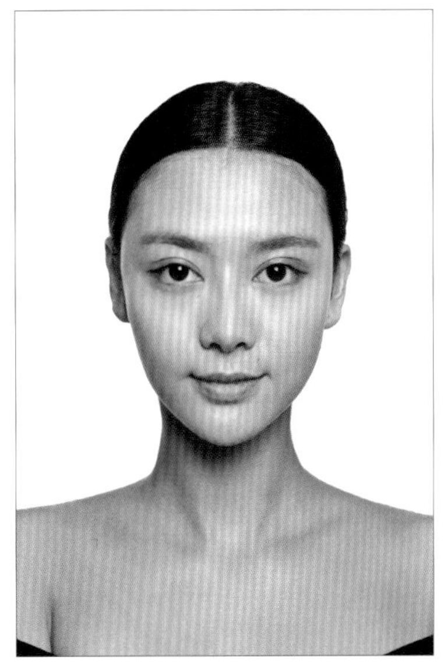

step 2

眉毛的长度和形状要与眼睛呈现协调的比例。段式的手法通常会浓重而宽泛一些，所以眉毛也要稍微延长加重一些。

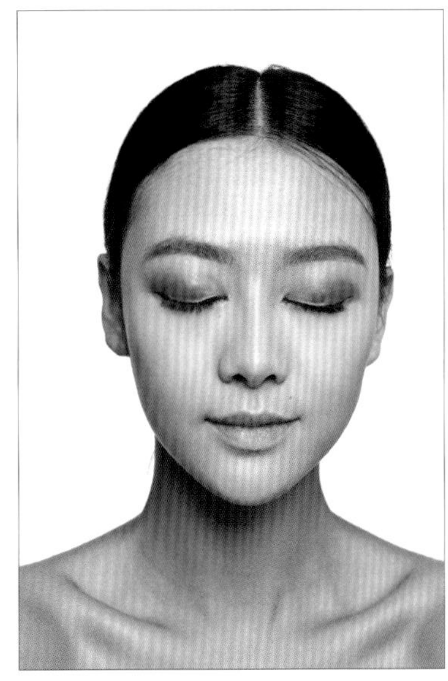

step 3

眼影选择黄色和紫色的对比色突出视觉张力。两种颜色的面积可以是相近的，如第一种颜色从眼头画到中间，再换另外一种颜色画到眼尾。当然也可以是眼头面积较小，后半部突出大面积的色彩。各段都采用平涂技法，交接处少部分自然重叠。

step 4

眼线配合眼影走势，紧贴睫毛根部延长上扬，睫毛选择自然浓密型单层粘贴。下眼睑的颜色要与上面呼应，形成放大效果。

step 5

眼妆完成后选择渐变手法打造唇妆。在唇瓣中央略加颜色后，向四周渐渐变浅晕染。腮红选择同色系呈现粉嫩气色。整体妆面在紫色系的眼妆衬托下富有张力，色泽饱满生动。

05 主题眼妆技法

三段式技法

『段式眼妆的进阶版三段式具有丰富的色彩变幻空间。更多的色彩选择也可以让眼部结构的刻画更加细致入微。所谓星眸闪烁，眉目溢彩，就是形容颜色融和后的魅力所在。』

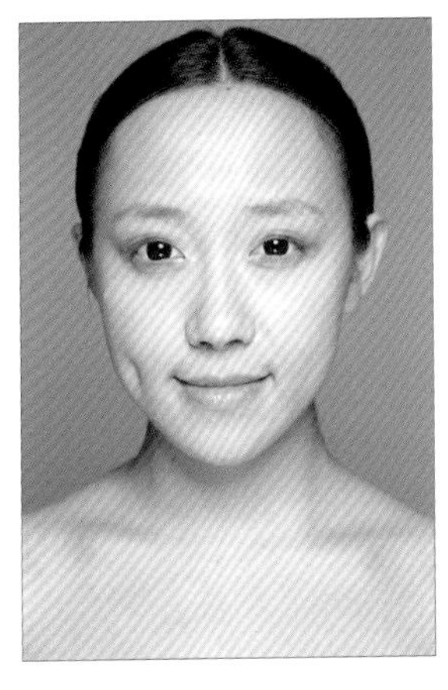

1 step

适当遮盖面部瑕疵后在眼部定妆，选用三色眼影分段涂抹于上眼睑。左右范围以黑眼球内外切线为交接边缘，上下范围以眉眼间距的 1/2 为界限。内眼角用浅色半封闭式包裹。

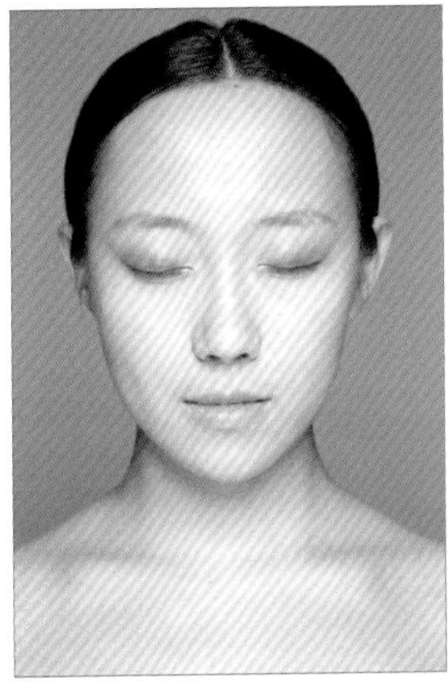

2 step

每个分段色彩用平涂技法自然过渡，整体走向平行并略微向上拉长眼型。各段之间的面积大小可以根据想表达的视觉效果调整，下眼影在对应位置与上眼睑呼应。

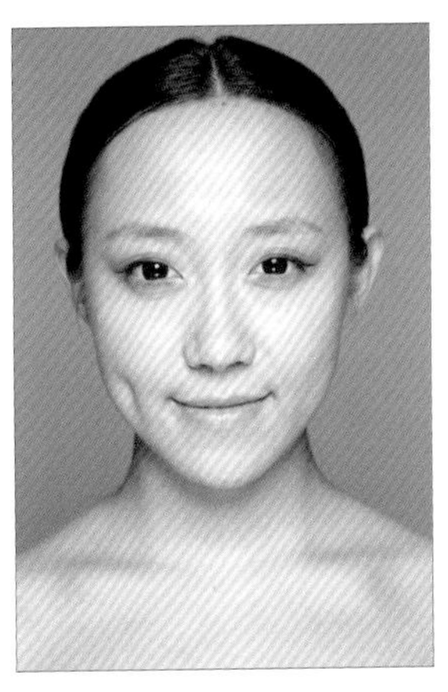

3 step

眼线紧贴睫毛根部，沿跟眼尾眼影一致的方向拉长眼型。模特的标准眼型适合很多种类的眼线，只要画得流畅准确即可。

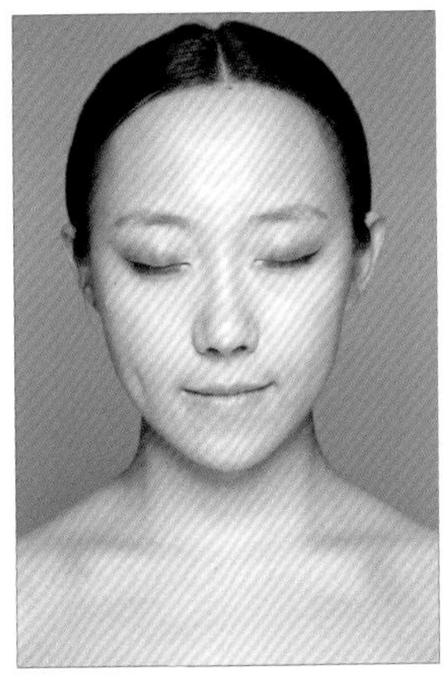

4 step

眼线在靠近外眼角 1/3 处加粗加深，体现拉长眼型的修饰效果。因为眼影颜色较多较重，所以眼线产品可以搭配不同的种类使用，质地柔软的可以画型，防水类用于封层，达到防止晕染的效果。

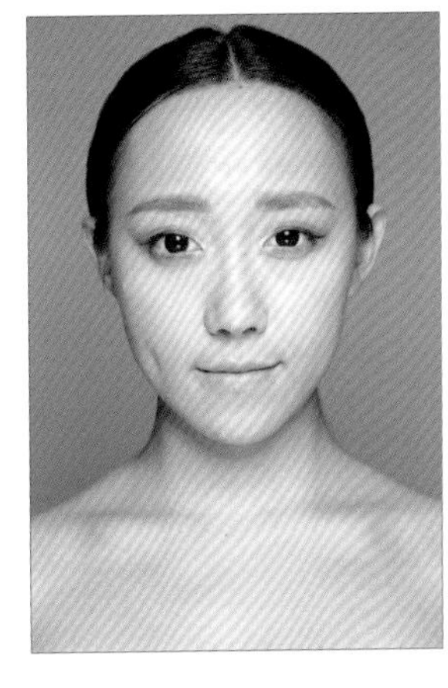

5 step

模特的脸型标准，眉型有更多的发挥空间，由于眼影色彩清新跳跃，更适合用彰显年轻气质的平眉打造眉眼结构。用自然灰色扫出眉型轮廓即可。

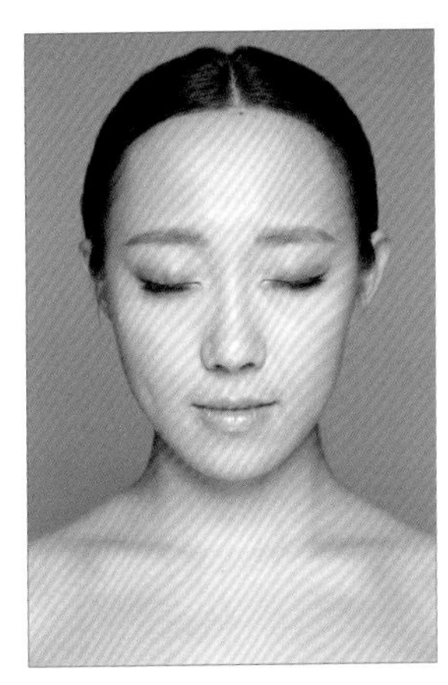

6 step

睫毛的重点在眼睑的后半段，自然融合真假睫毛的基础上，侧重用短排或单簇的略长型睫毛在眼尾处叠加粘贴，与尾部加粗的眼线配合起来形成拉长效果。

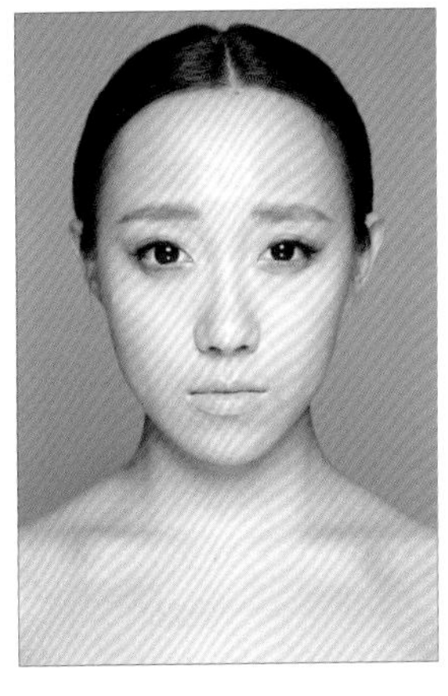

7 step

为了减少面部妆容颜色过多造成的视觉干扰，在唇颊两处，选择性地刻画其中一处提升气色。同样选用清新的淡粉色为唇部添彩，为整个段式彩色眼妆画上完美句号。

06 主题眼妆技法

前移技法

『前移技法凭借其极具张力的特点，常被当作突出妆面视觉效果的关键一步。弱化的前移可以用来调整过宽的眼距，强化的前移则可以聚集眉宇双目间的神采，使其浓重深邃有感染力。』

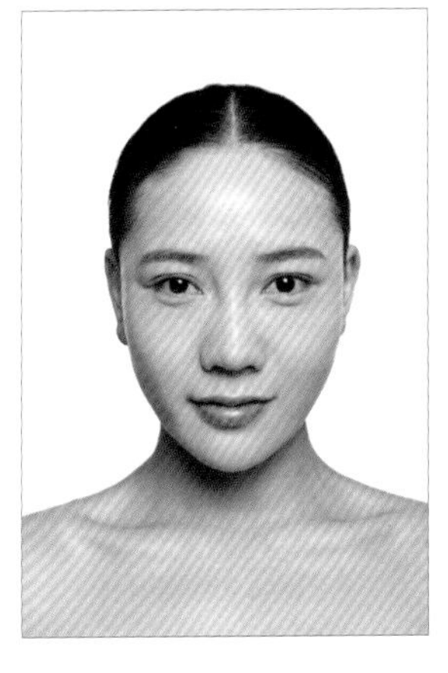

step 1

在底妆完成后，用冷色亚光的眼影进行眼部基础上色。消除眼部浮肿，用眼线加强睫毛根部，但不要画出过大的范围，这样才能达到既凝聚神采又不局限妆感的效果。

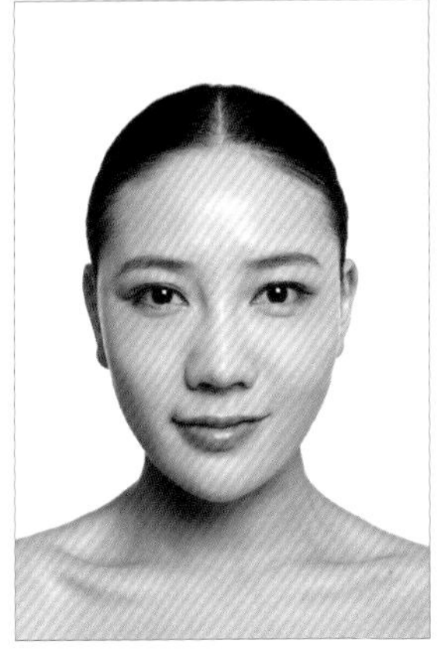

step 2

用相似色系的珠光眼影晕染至上眼睑的 1/2 处，达到睁眼可见，闭眼若现的效果。眼线在外眼角眼尾处平行拉长，下眼影从外眼角处与上眼影呼应衔接，靠近内眼角处用亮色描绘下眼睑边缘。

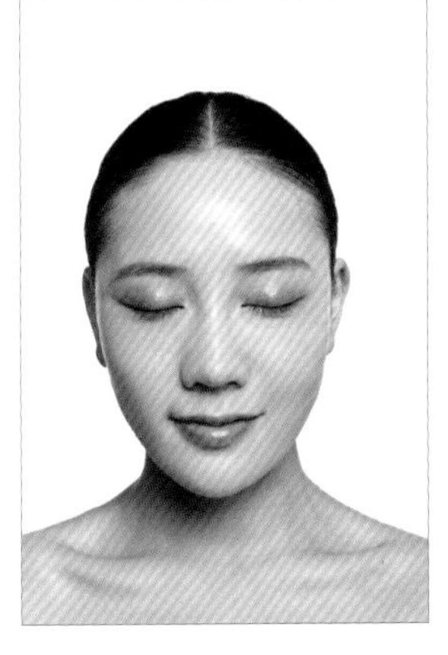

step 3

闭眼时再次刻画眼部轮廓，整体呈现微珠光深棕色系渐层效果。眼线细长紧贴睫毛根部，平行拉长眼尾，二者协调搭配拉长眼型。眼影色泽匀亮，清晰传神。

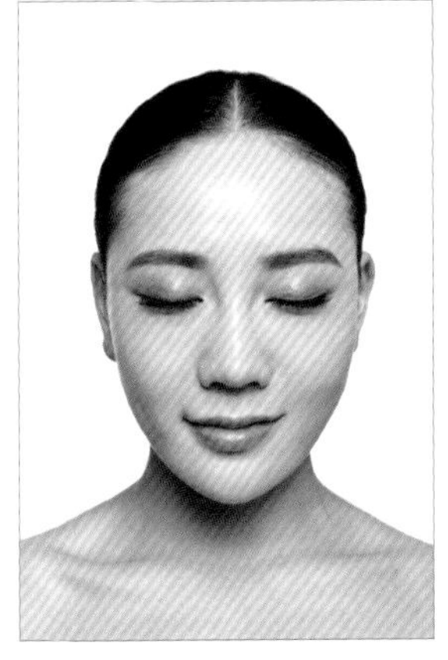

step 4

眉型根据模特自身条件适当延长，填补缝隙。整体线条流畅平和，眉峰圆润自如，彰显自然妆感。假睫毛使用自然浓密型，在睁眼时黑色瞳孔内侧的位置起，沿睫毛根部粘贴，卷度微张，自然上翘。

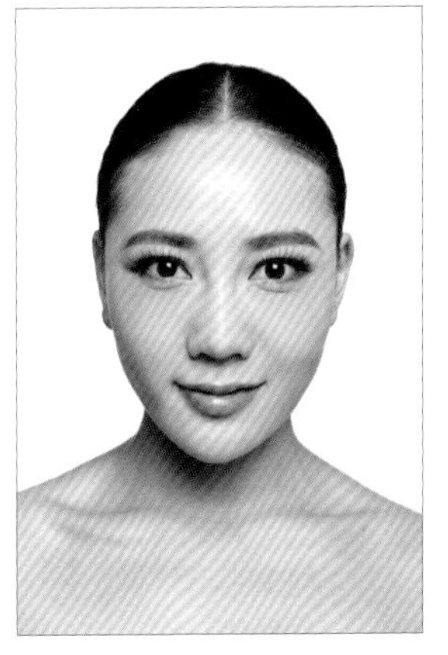

step 5

重色涂抹前，睁眼效果干净有神。再次调整时，可叠加一层纤长型假睫毛，并加重外眼角眼影颜色。唇色初步选用自然橘色打底，提升面部红润指数。

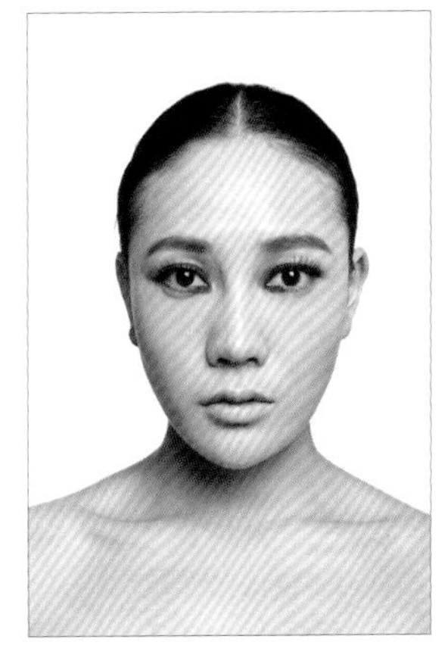

step 6

使用比平涂底色更深的眼影颜色在上下内眼睑的 1/3 处小范围加深，在眼角处呈包围形状。鼻梁根部用比之浅一度的颜色涂出凹陷效果，自然过渡。整体明暗关系确立后，补充强调不足的颜色。

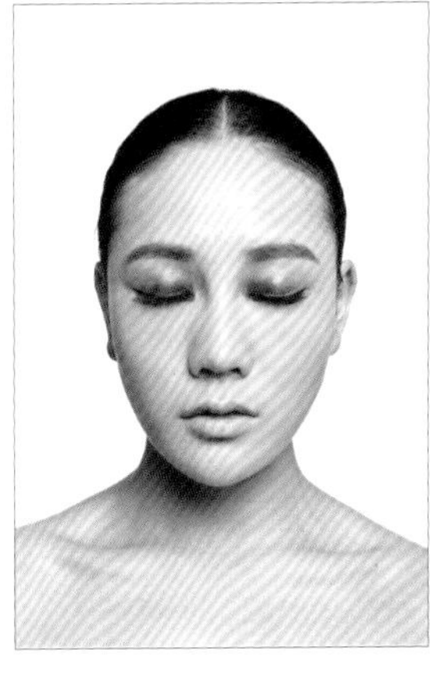

step 7

前移完成后整体颜色集中在内眼角方向，向后逐渐变浅消失。由两点最深处呈近似放射状的色块向外过渡晕染，极具戏剧张力，深邃有型。

07 主题眼妆技法

后移技法

后移技法是较为常用的眼妆技法。秘诀是在画浓重的眼妆时，底妆步骤放在眼妆后进行可以保持妆面干净不受粉末的污染。

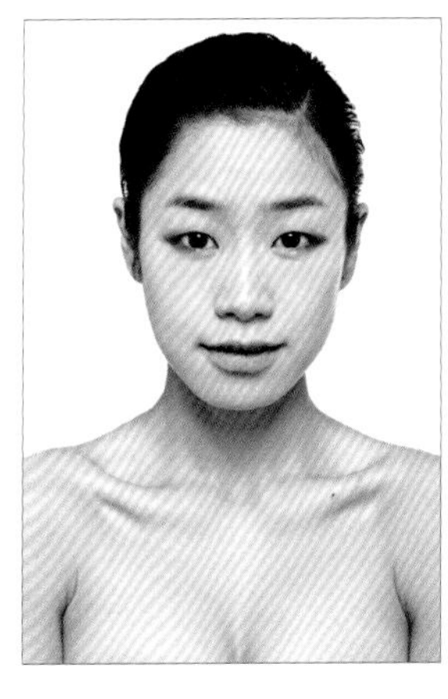

step 1

用深色的眼影从外眼角向内由深及浅地晕染过渡。模特的单眼皮要适当拉长调整眼型，从内眼角到外眼角的2/3处，眼影的走向开始平行拉长，眼影整体形状是近似枣核的饱满椭圆，深浅有致，过渡自然。

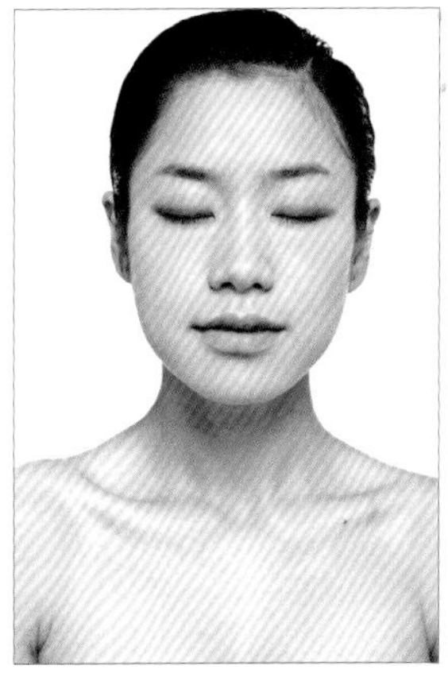

step 2

眼线要体现拉长和加强尾部的效果，呼应眼影的重点后移。在眼尾处加粗延长，突出眼尾神采。其余部分紧贴睫毛根部细细描绘。

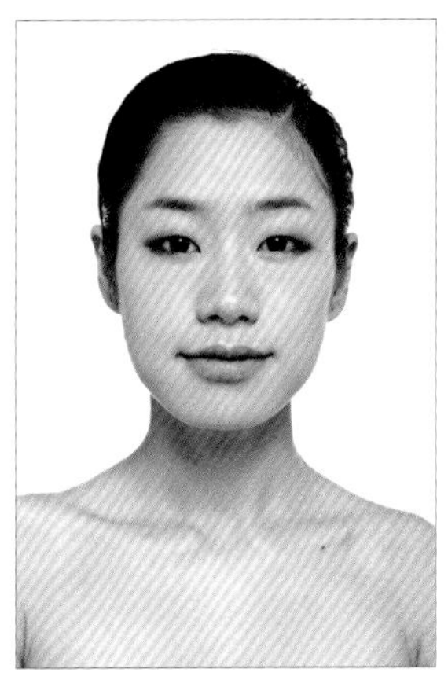

step 3

假睫毛可以体现更深邃的眼妆效果。在眼尾处多叠加一层假睫毛有加粗眼线的作用，使眼型在多种手法的调整下呈现拉长放大的效果。

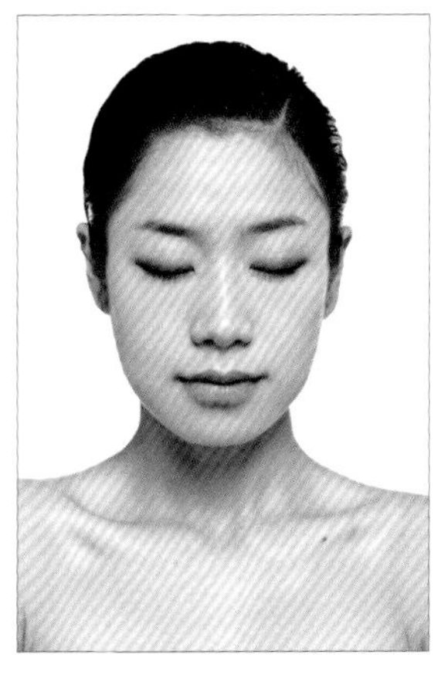

step 4

单眼皮的后移眼妆在眼尾处施加了较重颜色，眼头颜色浅淡。横向过渡的颜色更能使眼型在保持比例协调的情况下放大且比较有神。

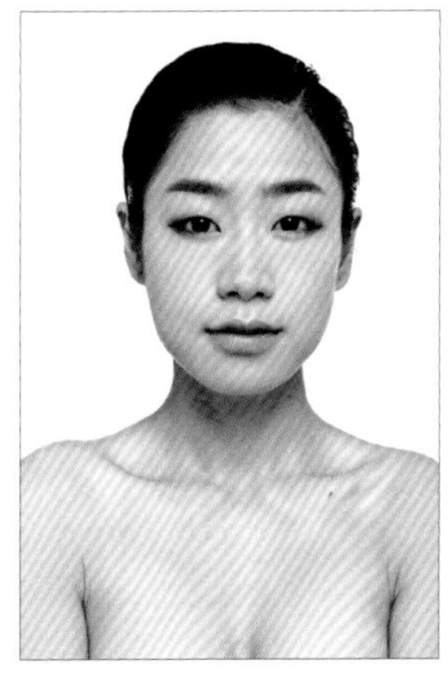

step 5

眉型根据模特的自身条件填补空缺略微延长。后移眼妆基本都是在眼尾处平行拉长或略为上扬，所以眉型也要根据眼影的完成情况做适当调整。

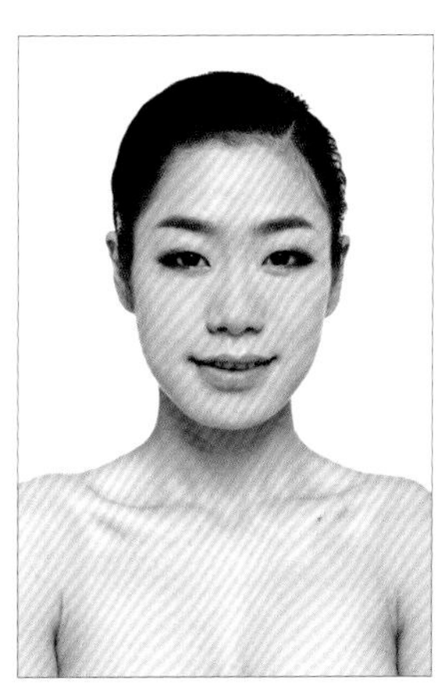

step 6

腮红和唇色选择自然裸棕色系打造健康的妆面质感。浓重的眼妆搭配淡雅的唇颊颜色更能体现眼神主导的视觉魅力。

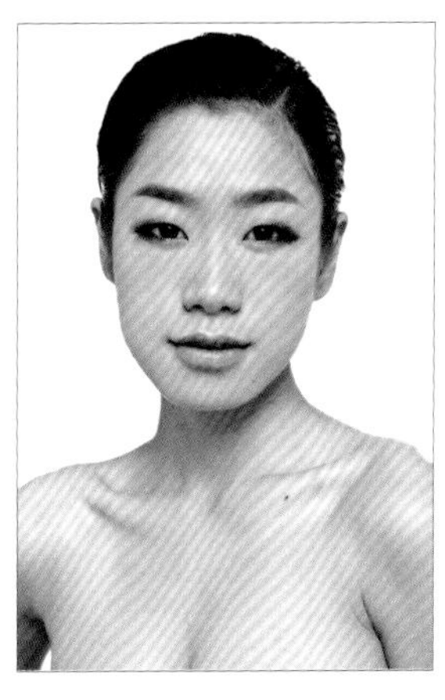

step 7

整体妆容完成后，可以用修容遮瑕产品做最后的调整。防止真假睫毛分层，鼻侧影突出眼角以上的鼻根部位。下眼睑小范围晕染，干净自然。

08 主题眼妆技法

欧式技法 1

『欧式眼妆除了轮廓线的标志性结构之外，眼线的形状也可以改变整个妆面的细节质感。极简主义的几何形状眼线从观看角度更具穿透力。』

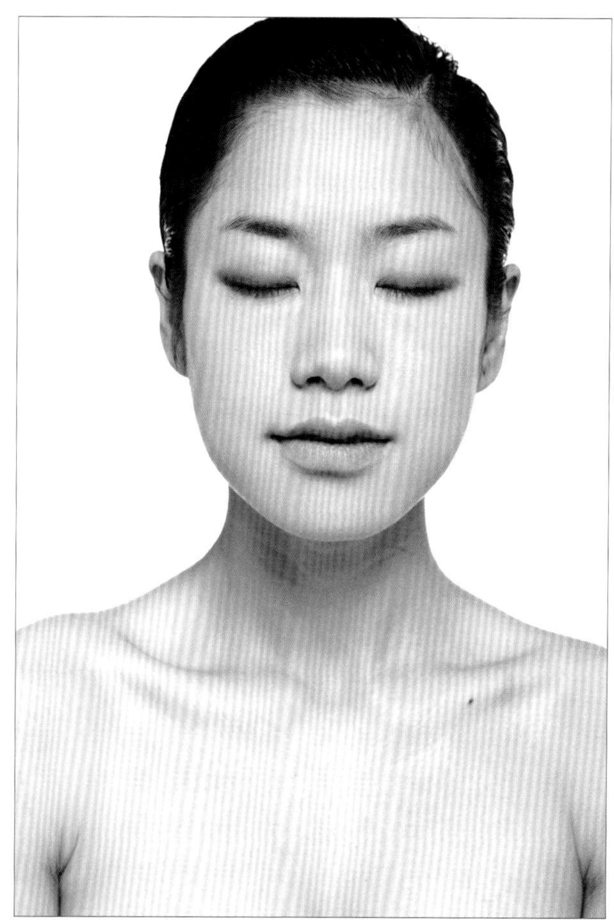

和标准的欧式技法一样，找到明暗交界的轮廓弧线后，上下各自晕染过渡。眼线在睫毛根部平行拉长的上方，用眼线膏以更大的角度倾斜向上画线，直到接近眉尾的结束点，然后反方向呈锐角向内画一条短簇的线，作为眼线制高点的起笔，再向底部直线连接，框架内的部分用黑色填实即可，红唇饱满，眼妆犀利。

09 主题眼妆技法

欧式技法 2

「欧式技法是突破固有轮廓，对特有骨骼构造进行模仿的一种矫形化妆方法。让扁平的面部变得立体，利用色彩的明暗关系在平面上刻画立体结构。」

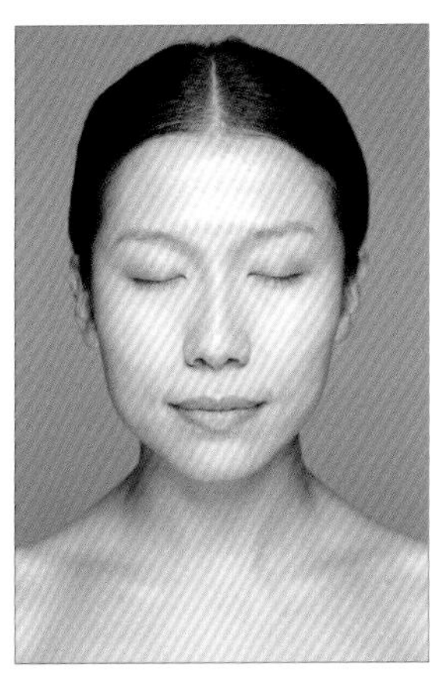

step 1

眼妆第一步是打底、定妆、消浮肿。用适合亚洲人含有褐色的眼影粉平涂眼睑，范围以睁眼可见为准，不宜过宽过长，刷头上的余粉可以加深鼻梁两侧的凹陷感。

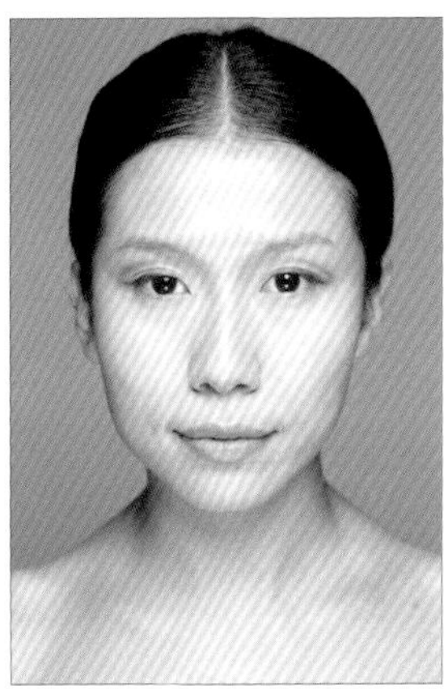

step 2

用容易操作的棕色眼线笔，在眼尾处由外向内画出一条流畅的弧线，形状平滑与上眼缘平行，颜色由浅及深，睫毛根部在眼尾处用眼线平行拉长。

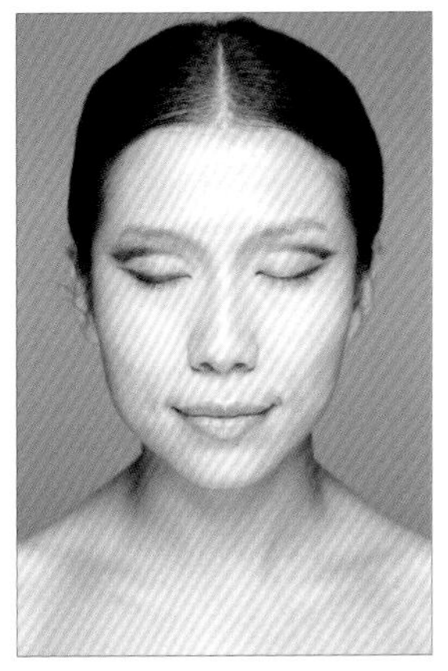

step 3

紧贴之前画好的弧线，向上做深浅过渡。外眼角上缘的色彩平行上扬，前方朝内眼角方向晕染，范围逐渐变窄变淡，眼线从睫毛根部开始加粗延长。

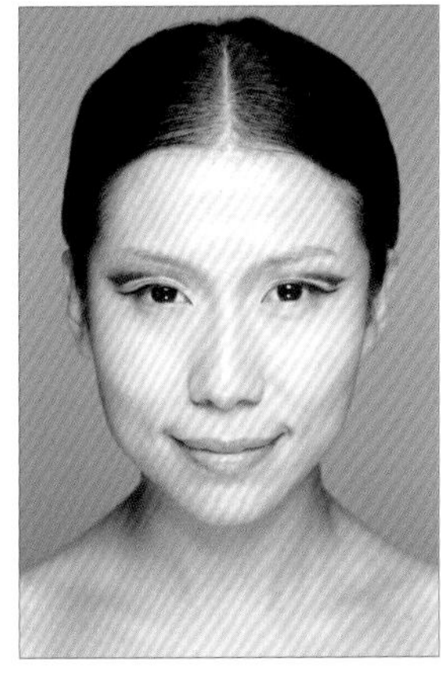

step 4

弧线以下用浅色提亮，与上端的深色对比，衬托眼部的立体结构。眉骨用浅色提亮，整个眼睑用色深浅有致，落笔准确，明暗交错。

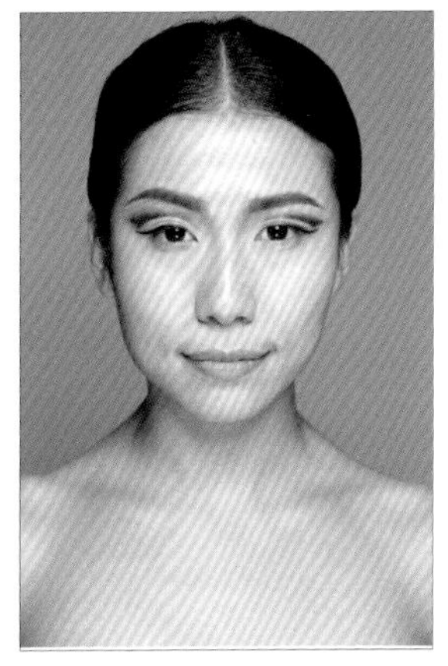

step 5

眉型要符合整体轮廓的提升走向，眉峰转折上扬，在眉肱骨的位置弧线清晰顺畅。如果在寻找轮廓的同时遇到眉眼距离过近的问题，可以用遮瑕倒刷眉毛遮盖。

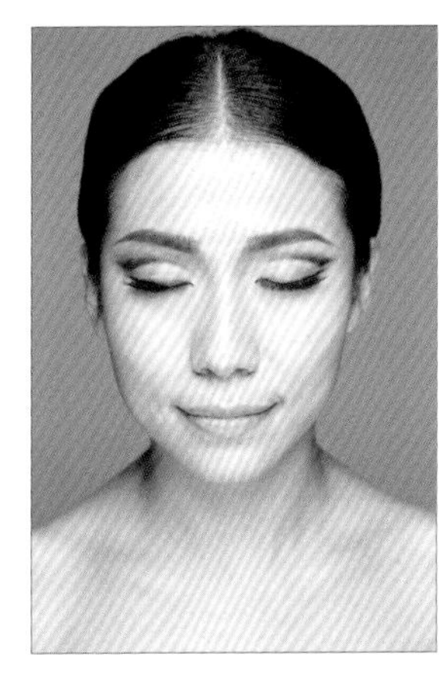

step 6

相较其他眼妆，睫毛的选择要更浓密，层次更丰富。从眼头至眼尾沿睫毛根部粘贴加密，外眼角深色段的眼线根部选用加长型睫毛强调长度。

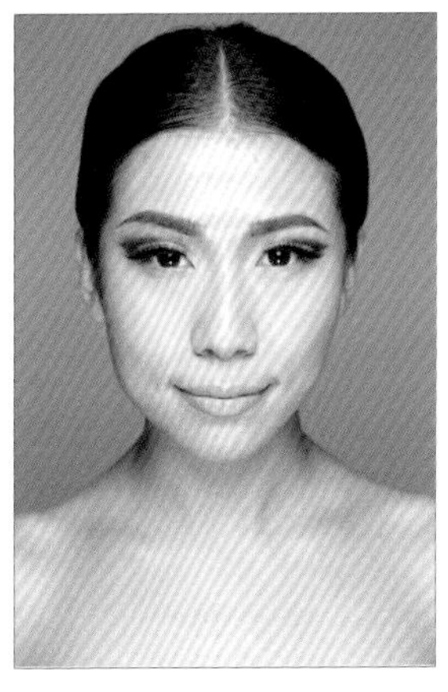

step 7

裸粉唇色润泽饱满，两颊用肉棕色的腮红或修容寻找立体结构，顺应眼妆构架的立体视觉效果，整体妆面棱角分明，跳跃而富有张力。

10 主题眼妆技法

小烟熏妆技法

『烟熏妆范围的大小不仅仅是名称上的差异，不同浓度和轮廓的烟熏可以用来区分内敛与奔放的冷酷妆感。利用得当的话，面部这一片小面积的浓黑会产生意想不到的效果。』

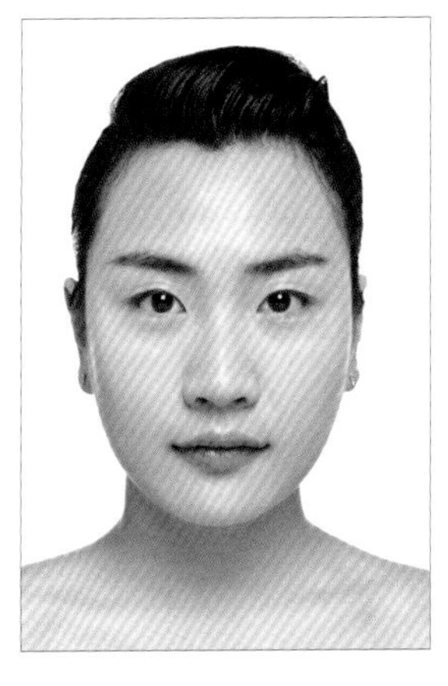

step 1

脸部打底环节除了遮盖瑕疵之外，还要对轮廓进行修饰。额头和鼻梁的位置，眼底下方的苹果肌和下巴，都是需要提亮凸显的部位。

step 2

用眼线笔围绕眼睛的四周，沿着睫毛根部画出全封闭的深色眼线。在外眼角处根据想要的感觉提升或平拉眼尾。内围的眼白用内眼线填补空隙不露白。

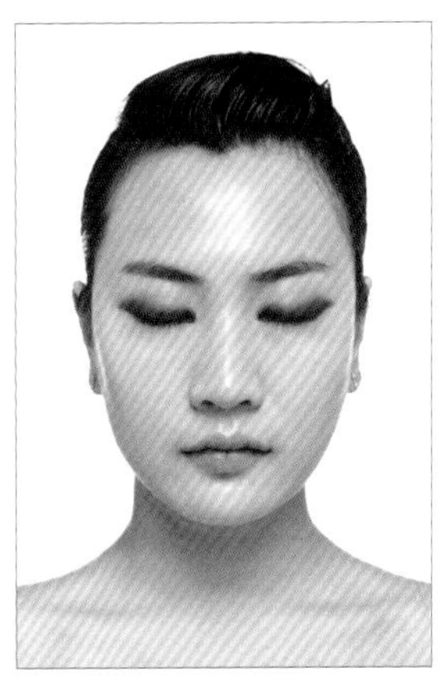

step 3

深色的宽度范围均匀自然，沿着睫毛根部的排列起伏。眼尾拉长并逐渐消失，避免过于明显的颜色界限。由内眼缘向外由深及浅呈放射状过渡颜色。

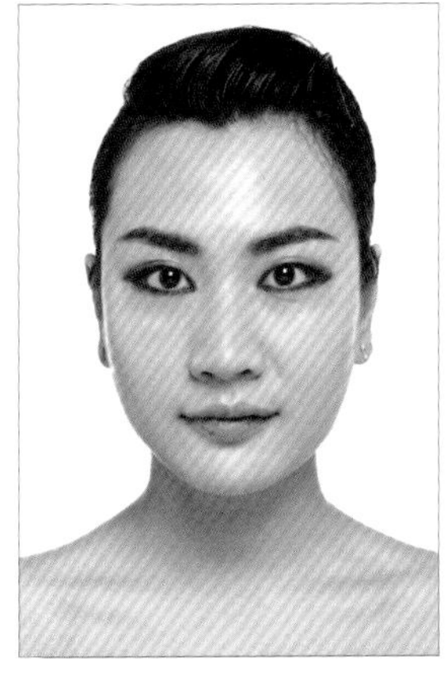

眉型依照整体妆感使用同系深色加深眉毛底线，上沿虚化有型，眉峰顺畅向下转折。眉尾尖部犀利锐化，凸显其颇具穿透感的醒目神采。

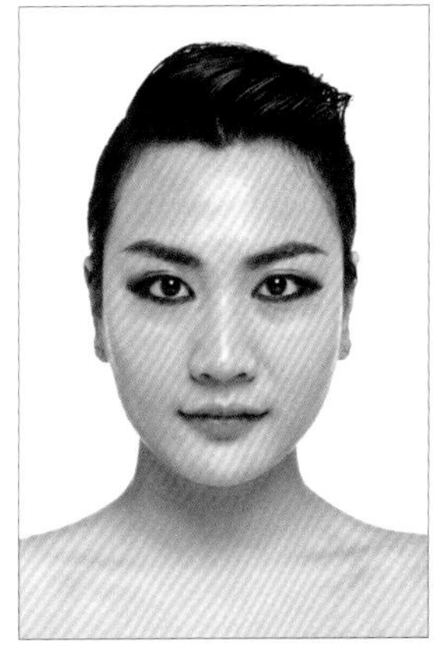

step 5

眉型调整完毕后对应调整眼影形状。外眼角沿着眼线边缘拉出眼尾，以这条线为基准用深色画出拉长整体眼影的轮廓，颜色向内眼角方向逐渐变淡。

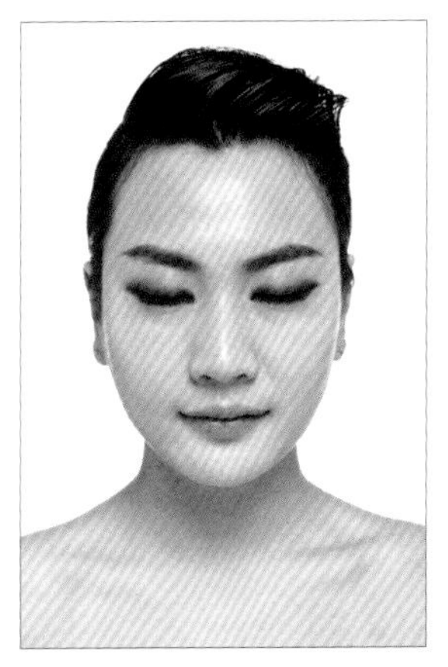

step 6

扫除眼影余粉后梳理睫毛，使毛发之间互不粘连交错，呈扇形方向自然展开，并观察根部细节，按照模特本身睫毛的长度选择睫毛的粘贴位置，外眼角可延伸加长。

step 7

根据眉眼间距离选择睫毛长度，内眼角短簇松散，外眼角逐渐加密延长，平视时的卷翘程度控制在不接近眉毛下线为准。粘贴假睫毛后整理融合，避免分层打结。自然裸橘腮红搭配肉色唇釉，简约自然，浓淡有致。

11 主题眼妆技法

大烟熏妆技法

『烟熏妆和很多境外舶来品一样，是从外界被带回到大众视野并广为流传的。它犹如烟火缭绕后的浓烈妆感得到了迷恋视觉系人群的钟爱。』

step 1

和小烟熏妆一样，大烟熏妆以封闭式的眼线为先导步骤，浓烈的颜色如果露出不适当的眼白会造成空洞和生硬的感觉。

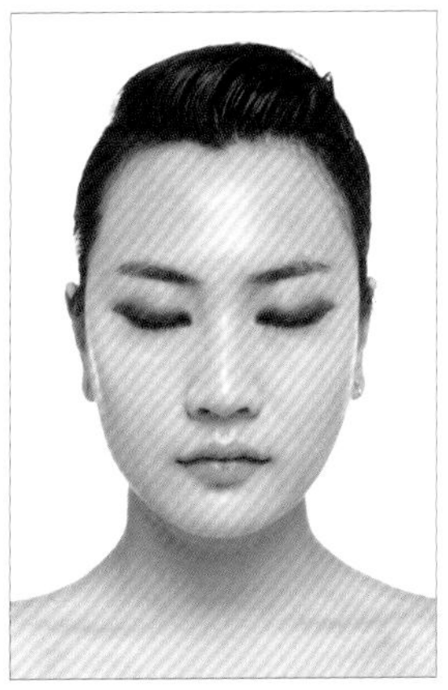

step 2

在上眼睑的晕染范围是区分大小烟熏妆的主要识别码。通常是在小烟熏妆的基础上，从外眼角开始，向整个眼睑的 1/2 处过渡晕染，靠近眼球凸起地方的颜色弱化消失。

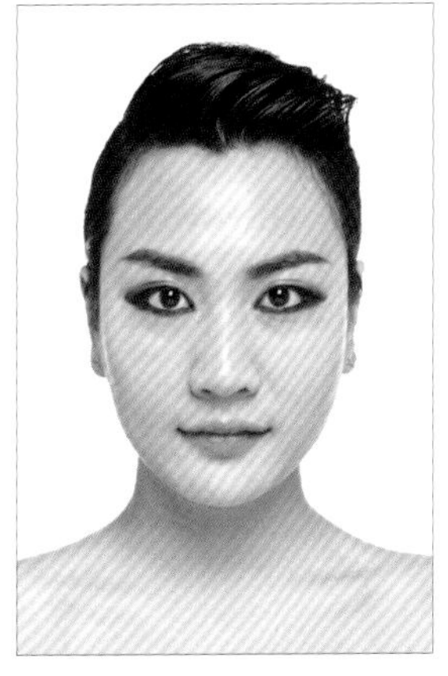

step 3

眉毛的长度通常要完全或近似涵盖住整个眼妆的范围，眉尾的走向与外眼角眼影的角度协调配合，达到想要的妆感。整体眉色略深，虚实结合有层次感。

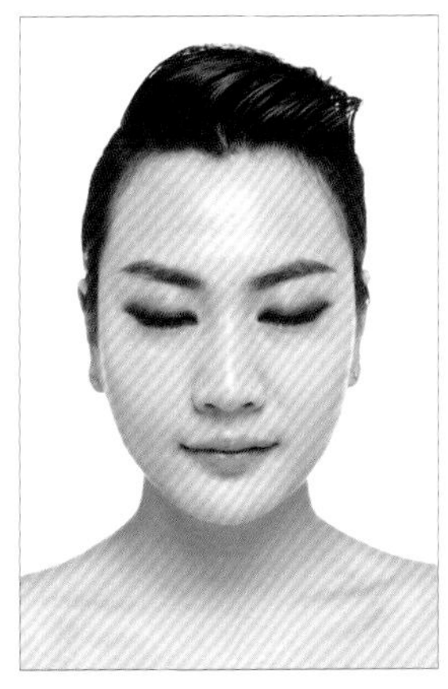

step 4

下眼缘眼影的宽度与闭眼时睫毛覆盖的面积相近。眼头用圆润的眼影轮廓填实，尾部颜色加深向上提升，颜色的最深处在最靠近睫毛根部的位置。

step 5

假睫毛的选择可以搭配两种型号重叠粘贴。用自然型号的睫毛加密睫毛根部，填补空隙。纤长型号的睫毛提亮眼神，令眼影晕染后的外侧边缘具有羽化效果。

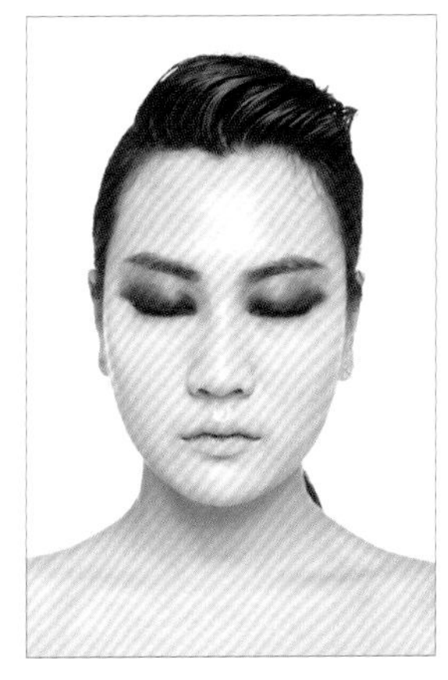

step 6

加重颜色的环节。首先要把颜色最深的眼尾底线再次加长加深，然后以此为基准向上逐渐晕染过渡，范围可以接近眉部底线，整体轮廓呈椭圆形，边缘自然过渡。

step 7

大体颜色补满后检查边际轮廓是否准确，扫除眼影余粉，加深内眼缘四周的颜色，填补内眼线处的眼白面积，调整睫毛。裸色唇膏打底，重点在于眼妆部分。

12 主题眼妆技法

猫眼技法

「猫眼是衍生妆效最多、应用范围最广的经典眼妆之一。它最大的特点是能无限地展现眼神的妩媚、深邃，宜喜宜嗔。」

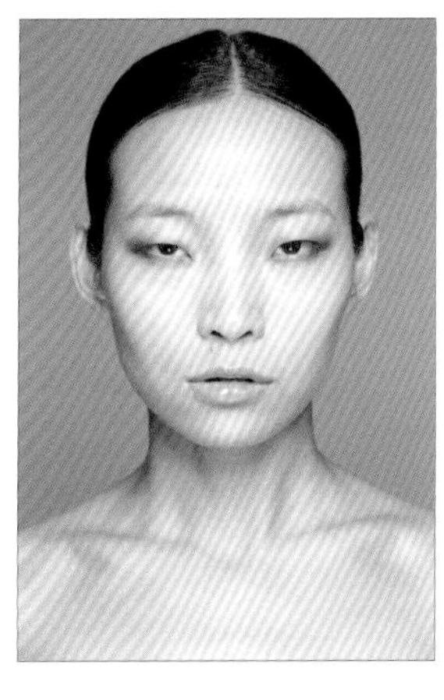

step 1

猫眼妆的眼影底色要在适当的范围内拉长眼型，并且在方向上略为上扬，提升外眼角的轮廓走向，为后续的眼线做方向指引。

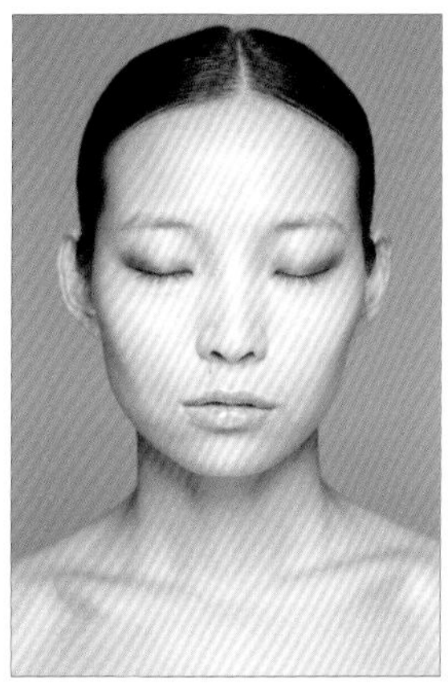

step 2

在靠近睫毛根部的眼缘用深色强调。通常按照整体眼妆走向来确定眼线在眼尾的方位，闭眼时，眼线从睫毛结束前端开始向上平拉；睁眼时，选择想要的起点直接向后拉长即可。

step 3

单眼皮画猫眼妆的重点要放在下眼睑的线条走向上。从内眼角顺势而下加粗下眼线，至外眼角逐步上扬延长，眼尾结束处与上眼线融为一体，形成单只燕尾形状。

step 4

上眼线的不足用假睫毛的浓密根部来填补空缺。粘贴后的眼睑具有加固提升的效果，并通过假睫毛的卷度释放更多眼神光，靠近眼头的睫毛不宜过于卷翘。

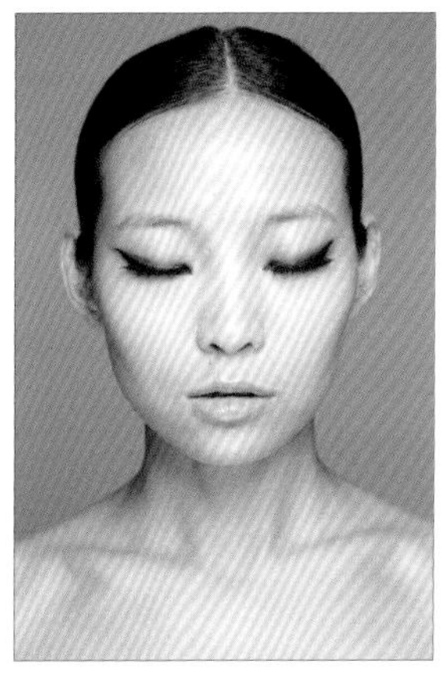

step 5

闭眼状态时，眼头处用圆润眼线拉近眼距，外眼角向上提拉的眼尾与睫毛间的空隙用深色填满，假睫毛根部也根据眼线走向向斜上方延长。

step 6

由于猫眼妆的眼型走向是上扬拉长的，所以对于眉尾的方向没有过多的局限，平拉或下降略弯都可以很好地搭配上扬的眼型，眉峰处理得柔和更能凸显眼妆的魅惑动人。

step 7

在眼部着色较重的妆面中，唇色通常会作为次要的重点用浅色覆盖，力求在色彩分配上主次相宜。弧形的眼妆略为上扬，眼尾纤细，轻松驾驭面部气场。

13 主题眼妆技法

韩国美男妆容技法

『朝鲜半岛的颜值分布自古就有言为证，南男北女。这句看起来断章取义的词却时常被用来形容朝鲜与韩国各自族群中的优势差异。即使在氧气美女铺天盖地的当下韩国，韩国美男的气势也从未消减，他们树立在亚洲人心中的偶像标签，也越来越深入人心。』

模特所展示的朋克风格是韩国流行音乐界造型典范的杰出代表。在完美的舞美背景和灯光映衬下，男式烟熏把单眼皮魅力发挥到了极致。在有人质疑这个造型对于男性来说过于夸张的同时，更多的粉丝们对于这种另类的性感却大大痴迷。突出的轮廓，极致的眼线，重点在于对视觉效果的把握。

14 主题眼妆技法

范冰冰临摹妆技法

『范冰冰，中国乃至全球华人的时尚 icon。备受追捧和热议的她，靠着盛世美颜和超高情商在百花争艳的演艺圈屹立不摇。她的妆容和样貌特征，也一直是人们争相效仿的蓝本。』

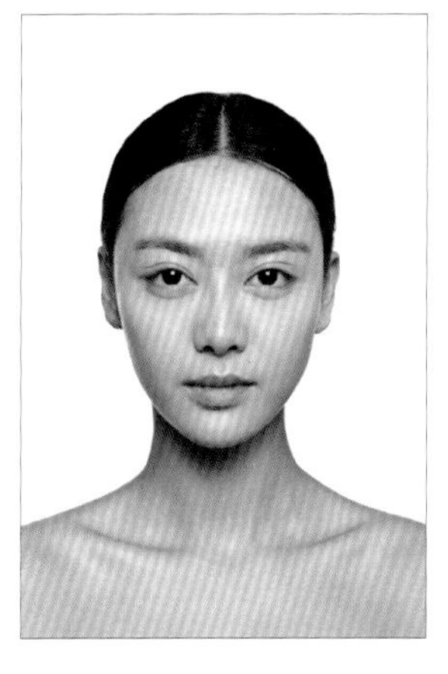

step 1

范冰冰的五官特点是眼型纤长灵动，眉毛细软浓密，眉型一平一扬。鼻梁挺拔鼻翼小巧，唇部小巧偏薄，唇峰有明显转角。标准的倒三角脸型，上镜感极佳。

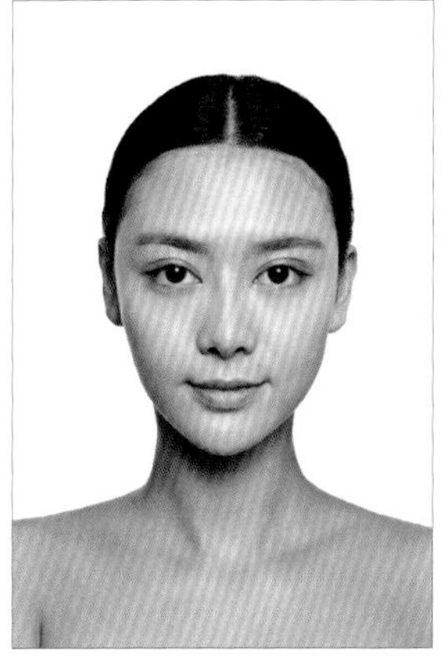

step 2

上完匀亮的底妆后，眼部用棕色眼影打底消除浮肿，由于眼型标准，比例协调，所以眼线只需在睫毛根部填补缝隙,眼尾处平行拉长即可。

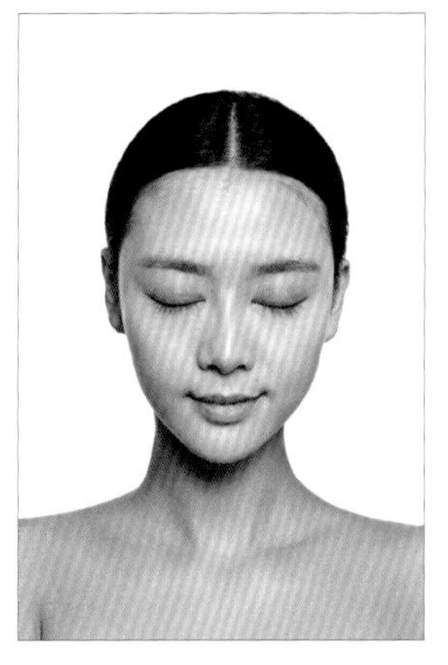

step 3

在上眼睑小范围用暖棕色系的微珠光眼影添加神采。靠近睫毛根部的区域用更深的棕色加深线条，眼部的层次淡雅自然，明暗有致。

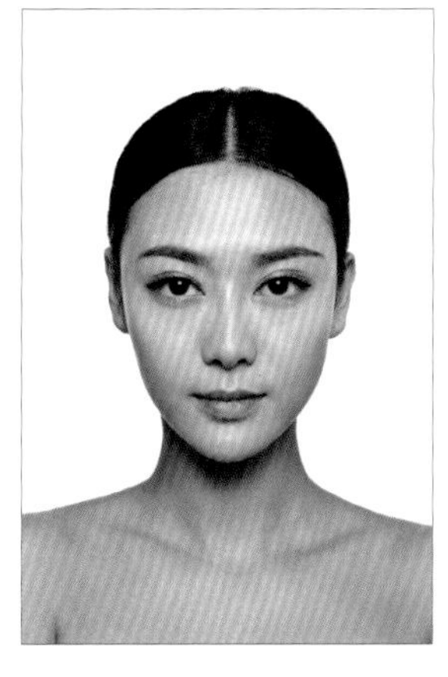

step 4

眉毛的刻画要体现模特本身的眉毛密度和修长眉型，用接近毛发颜色的眉笔加实尾部底线，大致找齐对称的形状即可，不需要达到过分平衡，呈现自然美感。

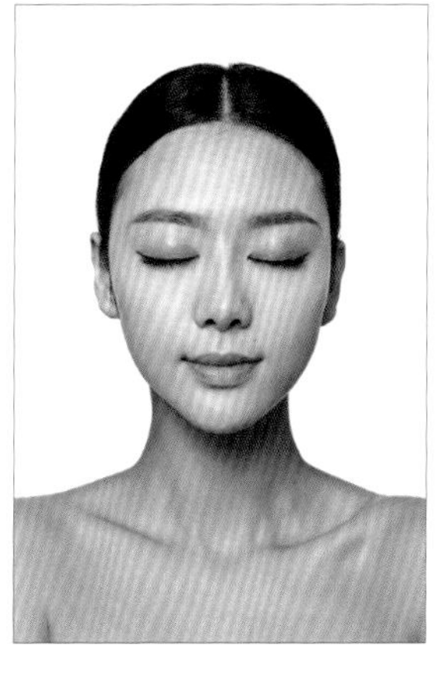

step 5

睫毛只能选择自然型单排粘贴，过密或过长的假睫毛都容易破坏整体妆感的自然气息，达到真假结合的自然浓密程度即可，梳理顺畅。

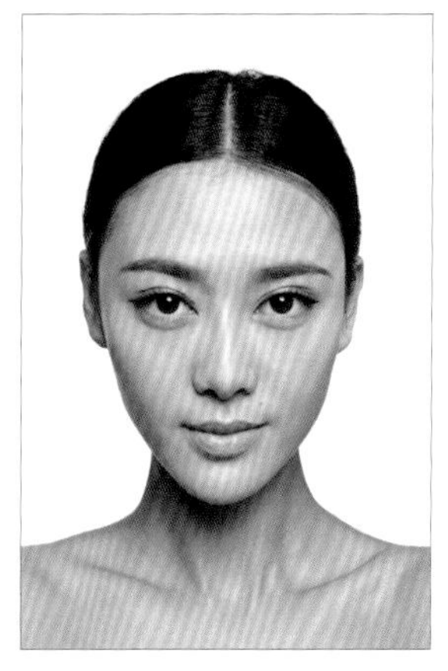

step 6

腮红和轮廓的修饰在少量的基础上加深颧骨下陷，提亮额头和鼻梁，标准脸型不要用明显的颜色痕迹打破原有的骨骼轮廓，轻微渲染气色即可。

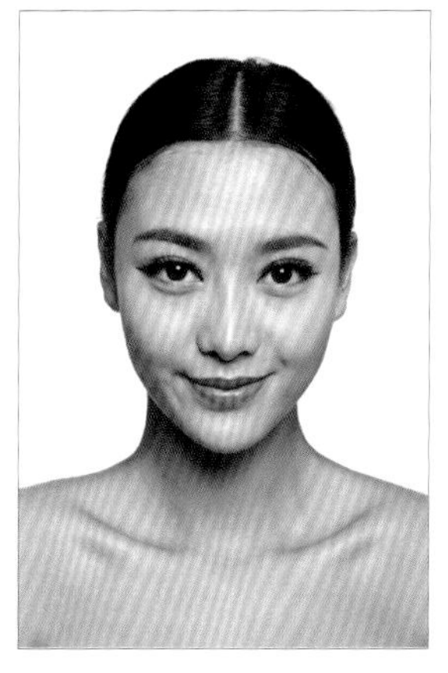

step 7

唇色粉嫩出挑，用粉底颜色修饰唇角边缘后，浅粉色依照原有的形状加实填满。完成后的妆容大大的眼睛炯炯有神，浓眉细长，结构清晰，近似范冰冰的神韵。

TONY STUDIO
東田造型
TONY STUDIO
東田造型

Chapter 05
新娘美妆赏析

很多化妆师都是从新娘美妆开始，慢慢积累自己的工作经验的。同时，这也是最容易格式化妆面风格的工作类型，能在局限的主题塑造中找到不同人物的特点，并以此扬长避短，这样的审美才是值得推崇的。

01 新娘美妆赏析

白纱

「在特定的经典造型中，白纱造型可以在瞬间改变人物气质，融合内在的典雅气质于外形之中，自成一派，浑若天成。」

干净有质感的底妆是衬托气质的先决条件，在因材施色的情况下，亚光自然色系适合所有眼型，微珠微闪眼妆适合面部自身条件优越的人群。唇颊色区多选用裸粉色系衬托气质，也可以根据性格、气质的差异调整唇色的浓淡。

02 新娘美妆赏析

中式

『在国际时尚领域广受推崇的中国元素，一直被誉为东方美的代表。从灵感来源上讲，中式的妆容造型点到即止，有的放矢。不依赖夸张浓烈的视觉效果出彩，常以内外兼修的古典气质取胜。』

和东方人纤细玲珑的骨骼一样，中式造型更擅于集中表现气质的差异美感。美妆的基础之上改变眉尾的下垂走向，换以轻盈上扬的古装平眉，东方的神韵便一览无余。摒弃眼部与唇色的浓烈，在面颊两侧加重暗影，包围收缩的质感彰显内敛神韵。

03 新娘美妆赏析

礼服

「礼服造型是不同艺术风格互相结合的最佳体现。无论何种设计元素都可以在有限的体态和面部完美地释放展现，气场强大。」

妆容在礼服的整体效果中更多的是展现轮廓的真实美感。由面部延伸到身体各部的自然美，是通过第一视觉印象来传递的。在远距离观赏的前提下，眼唇的结构与颜色需要根据整体感觉慎重选择，和谐统一、符合主题。

Chapter 06
国际彩妆流派

每一个化妆师都有一种与国际主流审美接轨的决心，驾驭各种流派的妆容也成了化妆技法的热门论点。没有哪种风格是最美的，只有你化得最好或者最适合的妆容，才属于那一万个读者心中自己的哈姆雷特。

01 国际彩妆流派

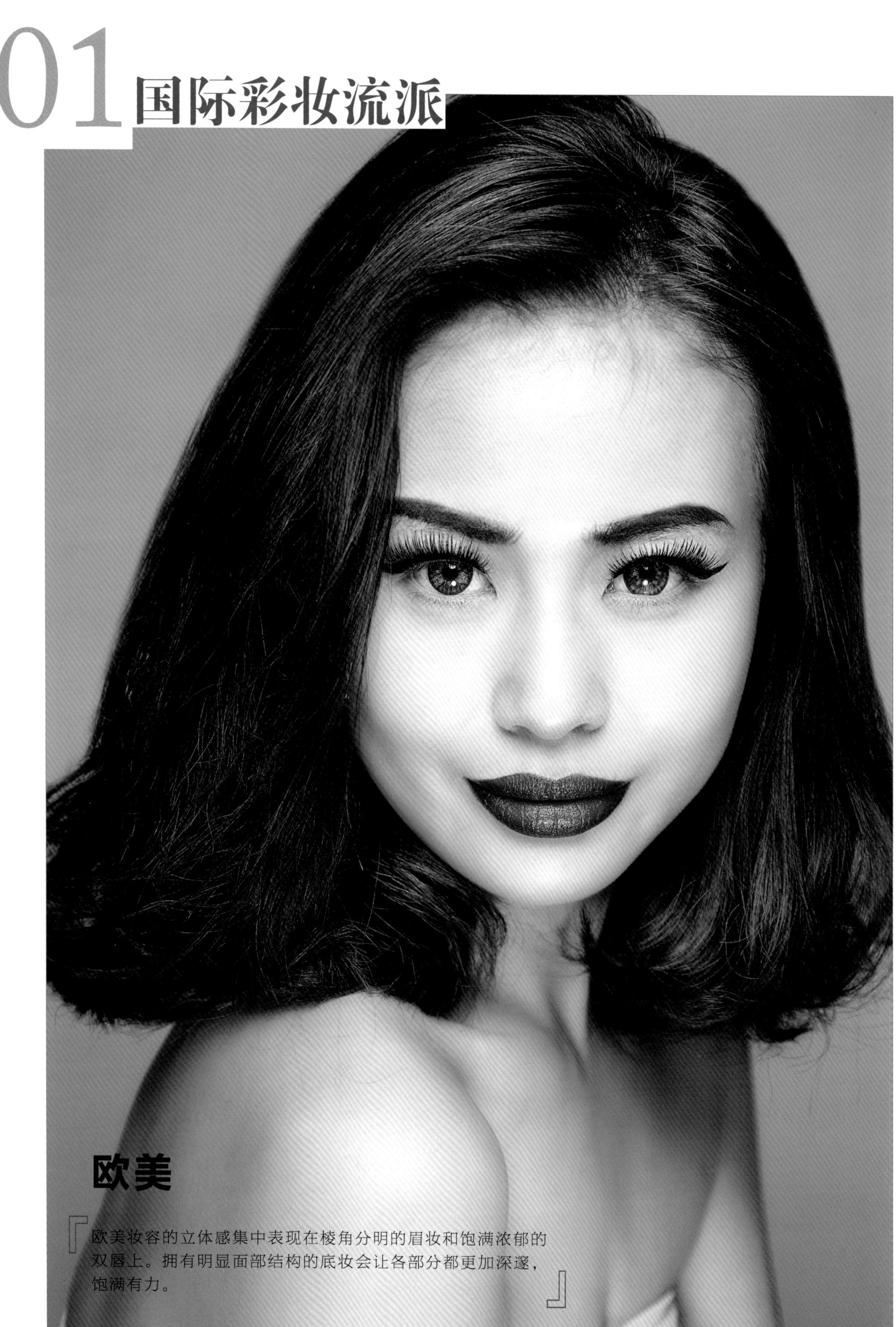

欧美

『欧美妆容的立体感集中表现在棱角分明的眉妆和饱满浓郁的双唇上。拥有明显面部结构的底妆会让各部分都更加深邃，饱满有力。』

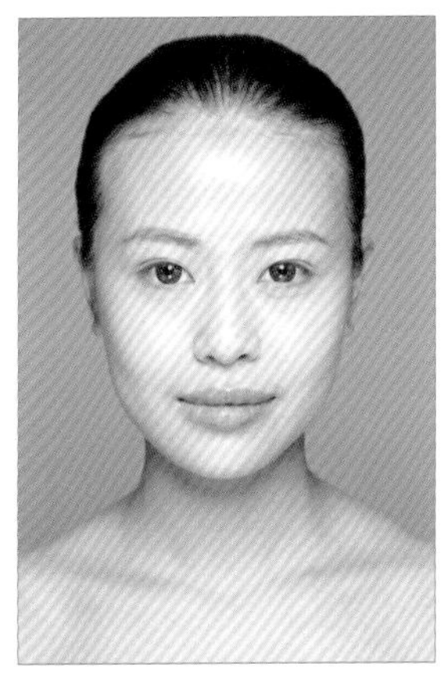

1 step

上完底妆后着力刻画面部的立体结构。眼窝、颧骨下陷要按虚实结合的原理营造暗影，在鼻梁和下巴、额头的位置提亮，嘴唇边际线用遮瑕产品修整。

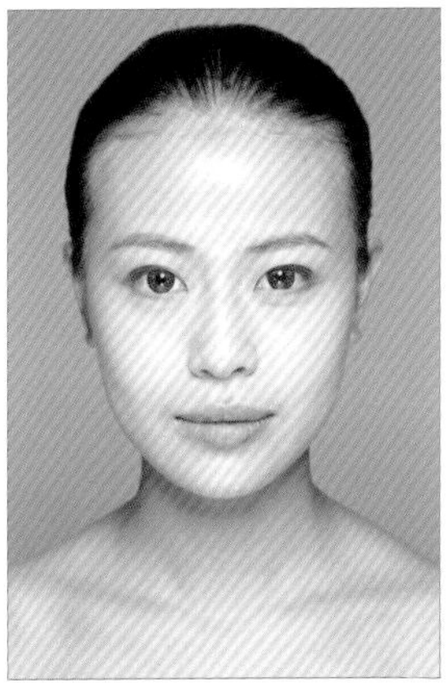

2 step

眼尾的后 1/3 处，上下都采用棕色眼影加深睫毛根部，因为是由外侧起笔的，所以向内眼角的方向逐渐过渡消失，呈半包围外眼角的趋势。

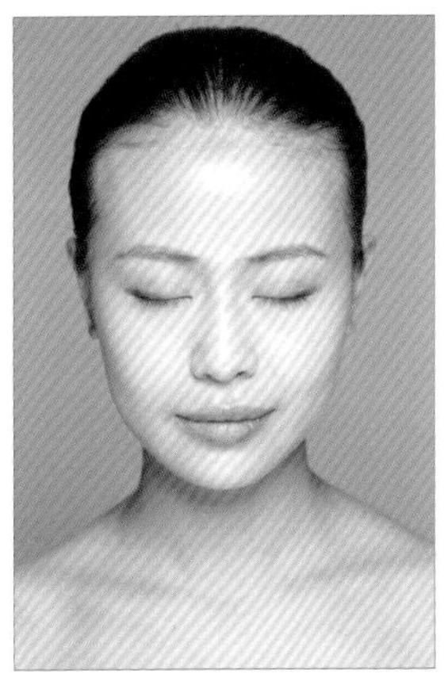

3 step

睁眼时隐藏的眼睑区域用亚光暗色眼影消除浮肿。余粉可用来在鼻梁的起点至内眼角的两侧加深凹陷，不能延伸向下，避免产生过于明显的修饰痕迹。

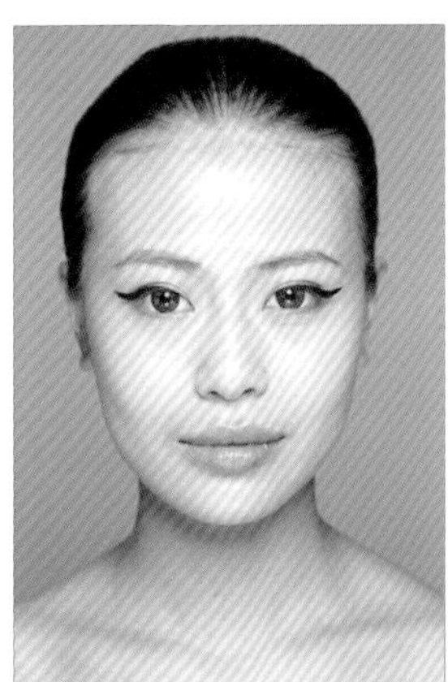

4 step

眼线重点在后半段刻画，浓郁准确，线条流畅。从上睫毛的结束点开始，顺着下眼影上扬的角度直线拉长，在闭眼的状态下填满眼线的三角区域。

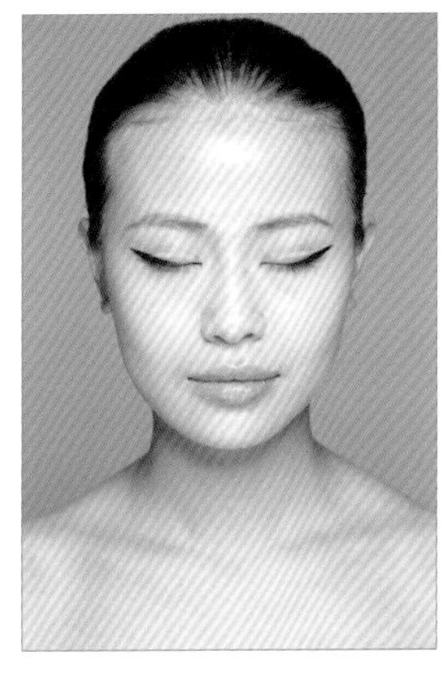

5 step

略显复古的眼线在中段开始平直上扬，与眼尾处的上扬线条形成细长三角的几何形状。其余的睫毛底线可以用极细的内眼线填补空隙。

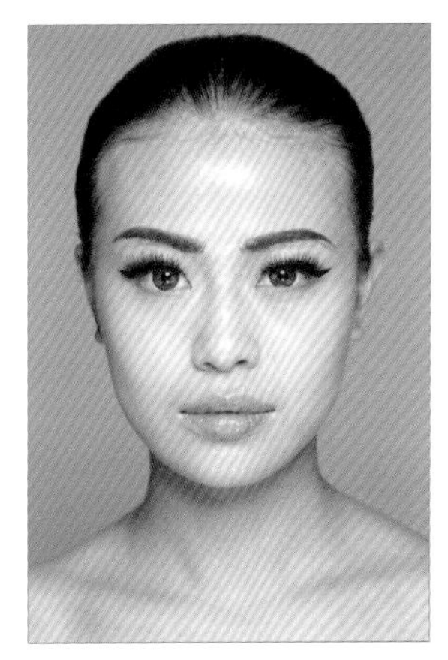

6 step

可以用遮瑕产品盖住眉毛多余的部分，整理出干净利落的眉毛底线。梳理好眉毛后，用眉部定型液按照生长方向将其固定成型，假睫毛选用浓密型沿眼线底部粘贴。

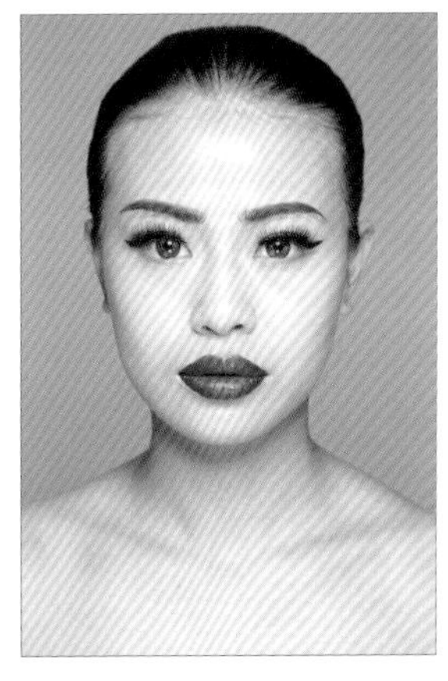

7 step

唇部用底妆修饰边角后，用唇线笔或唇膏上第一层底色。要想展现出色泽饱满的唇妆，可以在洗掉多余的颜色后，反复上色，使唇部丰润浓郁。整个妆面凸显欧美复古风格，精致动人。

02 国际彩妆流派

韩妆

「韩妆最为人称道的优点在于体现了自然的柔美和健康的气色。在不依赖浓重色彩的前提下，把模特自身的优点发挥到极致。」

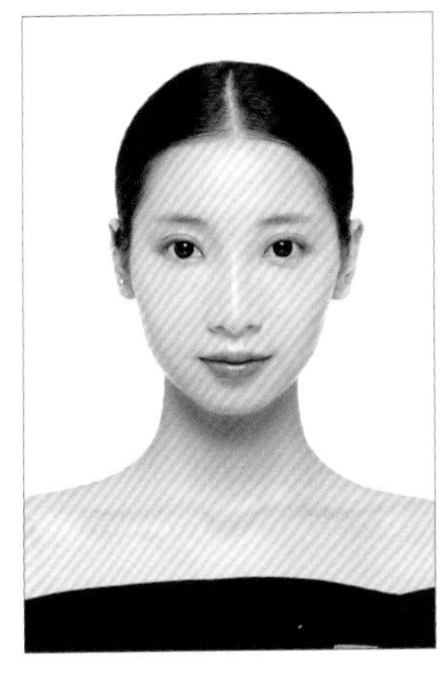

step 1

最常出现在韩式妆面的眼影颜色莫过于金棕色系或者其邻近色，它能在韩妆固有的白皙肤质上渲染出暖人的眼部神采，体现健康光泽。

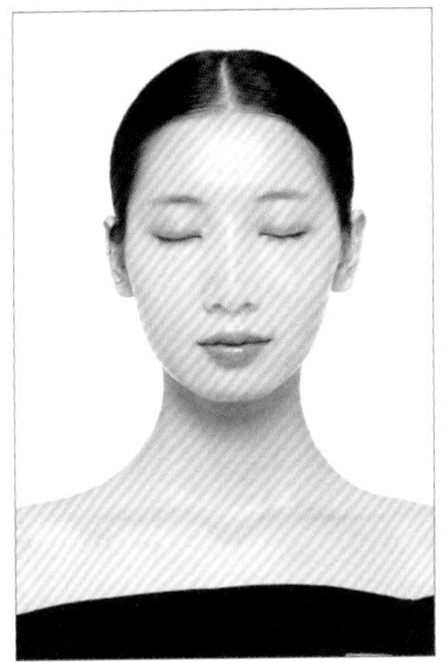

step 2

在珠光的运用上，韩国技术将五官在整形或医美的范畴里调整到最好，以此打造出来的五官可以克服亚洲人对于暖色和珠光膨胀的尴尬问题。

step 3

大而有神的眼睛在画眼线的时候不一定要从头至尾填实，在眼尾处拉长眼型营造长眼效果，修饰过圆的视觉幻象，从而更好地放大眼神光。

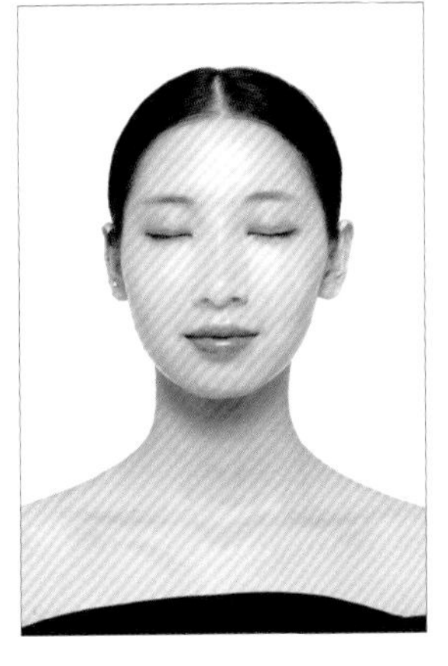

step 4

前端睫毛根部稀疏的情况下，可以用平头刷蘸取深色在睫毛根部以压粉的方式处理空隙间的留白，比起封闭式的眼线，更好地避免了刻意的妆感。

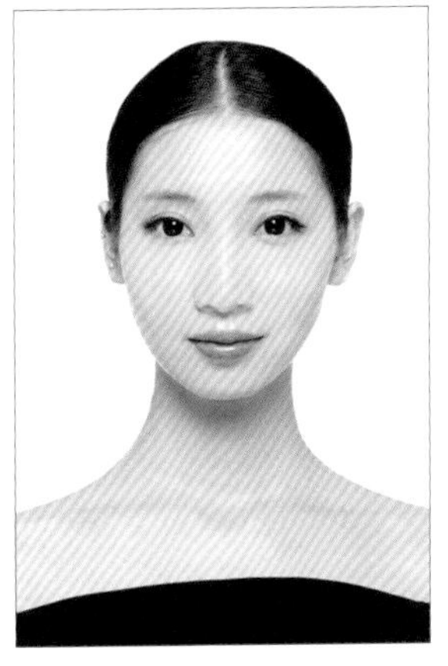

step 5

韩妆的内眼角可以用比眼线颜色浅的棕色系在上缘内侧描绘，调整眼距的同时焕发神采。卧蚕的凸起处用微珠光的眼影自然提亮。

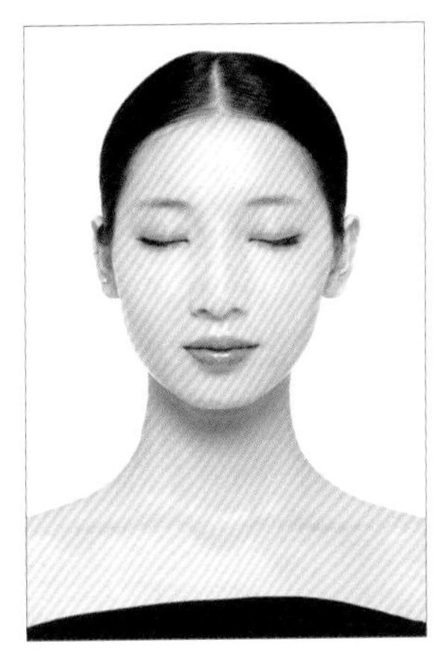

step 6

睫毛和眼妆一样，以自然为主。选择性地加密根部后，在眼尾处采用重点式的加长衔接，和真睫毛与眼线融为一体。

step 7

韩妆的腮红多半用唇色代替体现气色，自然粉嫩。眉型在脸型标准或下巴线条明显的情况下选用平滑的走向，略粗微平的眉毛是整个韩妆的识别标签。

03 国际彩妆流派

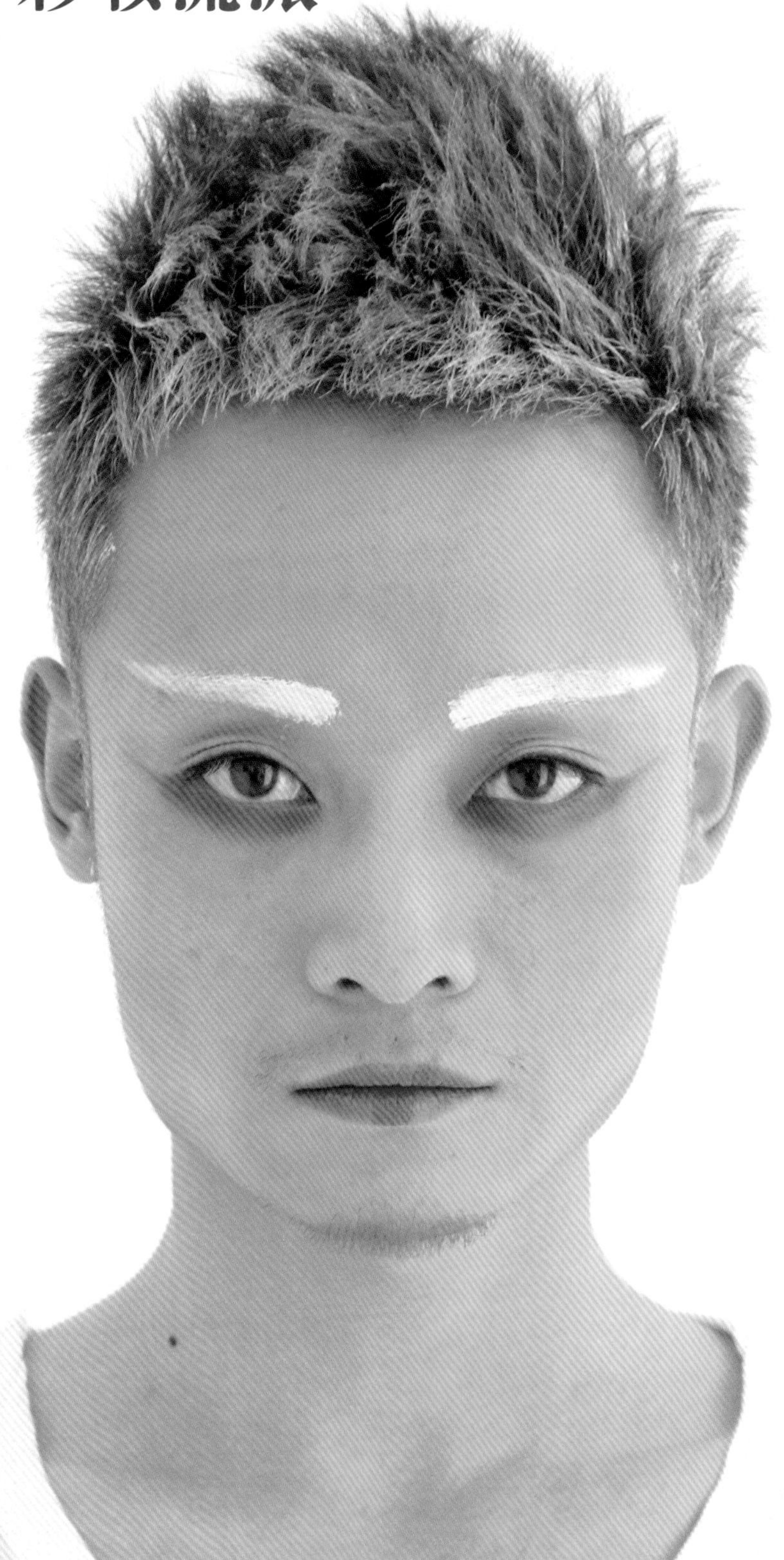

中国风

『在一种大风格下发挥出来的中国风造型作品，具体到每个人物身上的气韵所发挥出来的效果也略有不同。结合西式元素的蕾丝彰显魅惑神秘，色彩更加浓郁。白眉上挑则更显道骨仙风。红唇卷发更加古典优雅，流苏耳饰垂直而又随意。中分发际干练出挑，柳叶弯眉温婉柔美，渐变唇色果敢有力，每个造型都用不同的手法表达了东方情怀。』

东田造型化妆学校课堂练习作品

Im Yida
10th
黄义达10周年纪念演唱会
BEIJING
北京站

Chapter 07
精彩作品欣赏

如果看完了前面的讲解与介绍，那么接下来的作品赏析便是供大家评头论足的诚意之作了。在你想学能学勇于学习的时光里，为自己多积累一些作品吧！毕竟，想成为一名金牌化妆师，打造出出色的作品才最具说服力。

阳光鲜肉

气质清新、面容俊朗的阳光男孩是高颜值人群的主力军，备受青睐。这种男妆的关键在于眉型的刻画和底妆的质感。自然细致地打底上妆，颜色均匀，薄厚适中，面部轮廓修饰得清晰有型，眉型自然舒展，笑容甜美，魅力加倍。

阳光鲜肉

自然色的裸妆质感适合大多数男性群体的日常妆容需求。选取最接近本身肤色的底妆产品均匀上妆，在毛茬泛青的部位用橘色遮瑕减弱色差，鼻梁根部和下巴用稍浅的颜色提亮，眉型梳理整齐，填补空隙，妆容自然。

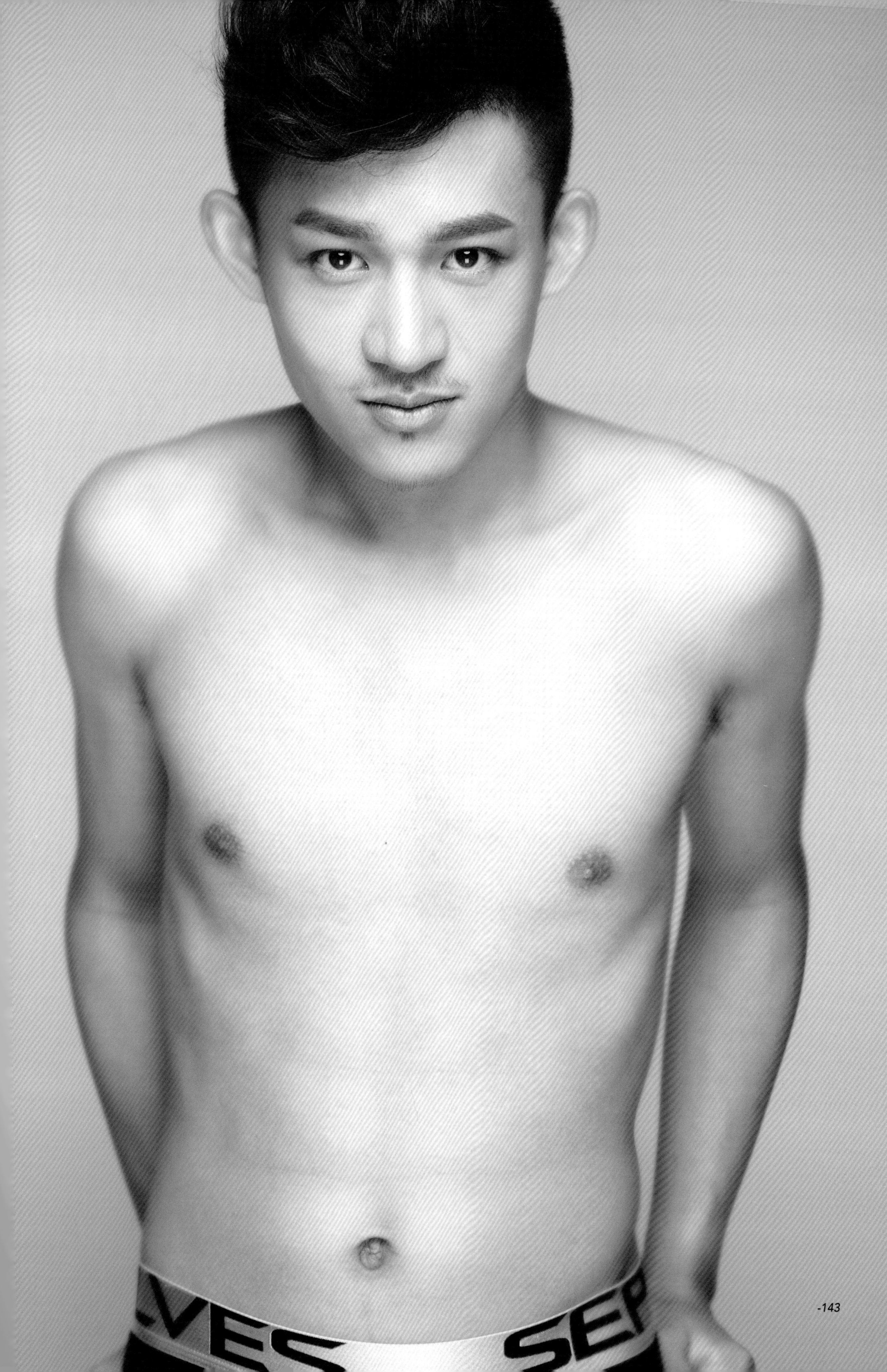

摇滚

皮质夹克的独特触感可以把黑色演绎得分外柔软，与之呼应的浓重眼妆在瞳孔之外打造出双眸的犀利神采。围绕着整体造型的朋克妆效，发型和唇色也相对张扬醒目，在立体轮廓的基础上体现中性之美，这不仅是对天生肌理质地的挑战，也是对驾驭重色彩妆的技法考验。

摇滚

利落劲爆的造型质感是国际主流审美的风尚之一。在金属的碰撞之间平添几分浓墨重彩的闪耀，微光的颗粒和硬朗的线条萦绕出深邃与异样的华丽，这就是铸就个性美的元素，当它们融合在一起的时候，摇滚金属风就诞生了。

复古

风靡全球的美式经典造型，是 20 世纪称霸杂志封面的西式古典美。从妆面中可以清晰地体会到饱满这个概念是贯穿各个部位的关键词。粗黑上挑的眼线，浓艳饱满的唇色，高耸蓬松的卷发，从视觉上把人带回那个富足奢靡的年代。

复古

迪士尼审美中的波点从动画中肆意流行到造型元素中，把甜美和青春演绎得如此得当。披肩的大波浪卷发蓬松立体，在垂坠和动感之间造就活泼和妩媚的形象。加上模特甜美的笑容，妆面带给人的暖意已被放大到最佳，如留声机一般经久不衰。

Cool

复古

当西式时装还挣扎在宫廷风格的华丽与实用主义的随性之间的时候，便诞生了这样的造型。长筒手套使手臂的线条修长迷人，复古的盘发搭配优雅的妆容诠释着女性对自由的渴望，在眉眼之间用线条和颜色表达着内心的向往。

素人写真

流光闪烁的亮眼造型在背景的映衬下魅惑动人。深色眼影的包围晕染配合服装，突出整体的闪耀气息，相得益彰。以黑色为主色调的造型重点突出魅夜里的神秘感，热情奔放。写真中常常以此挑战平时不敢突破的造型。

素人写真

女人气质集中体现在波浪的卷发和暖色的妆容中，层次间的流线型纹理映衬出格外清晰立体的面部轮廓，在礼服的环境色衬托下，红润娇艳。多数拍摄写真的女孩都希望自己能有成熟妩媚的一面，而这个造型满足了大家对于女人美的诉求和向往。

素人写真

主打俏皮可爱路线的造型小巧精致。在素人写真这一类主题中，是最受欢迎的题材。花型的发卷斜立饱满，跳脱的蓝色格外醒目、有活力。在浓郁的色泽中凸显主体人物的气质，让素人在画面里能够更加自如地驾驭自己的活力造型。

以下部分作品包含东田造型化妆学院和名人视线造型艺术学校作品。

以下作品为东田化妆学院15周年大秀造型作品，图片版权及最终解释权为名人视线造型艺术学校所有。

以下作品为东田化妆学院15周年大秀造型作品，图片版权及最终解释权为名人视线造型艺术学校所有。

六宮粉黛頓淒涼千
澹粧寄語芙蓉秋漸老
幾迴腸　項聖謨